供电 6C 系统数据分析技术

张润宝　主编

中国铁道出版社有限公司

2023年·北京

内 容 简 介

接触网是高速铁路的主要设备之一,确保接触网的运行质量至关重要。供电安全检测监测 6C 系统可准确掌握接触网设备运行状态,为设备隐患排查、维修维护、应急抢修提供依据,在运营维护中的作用日益凸显。本书从 6C 系统的检测原理及数据来源出发,结合现场典型案例的剖析,详细论述了各类检测监测数据的分析技术,论述了近年来 6C 系统数据融合分析的创新应用成果。

本书适合铁路现场从事 6C 数据分析的专业技术人员学习。

图书在版编目(CIP)数据

供电 6C 系统数据分析技术/张润宝主编. —北京:中国铁道出版社有限公司,2023.2
ISBN 978-7-113-29696-4

Ⅰ.①供… Ⅱ.①张… Ⅲ.①供电系统-数据处理 Ⅳ.①TM7

中国版本图书馆 CIP 数据核字(2022)第 177075 号

书　　名:供电 6C 系统数据分析技术
作　　者:张润宝

策　　划:刘　霞
责任编辑:刘　霞　　编辑部电话:(010)51873405　　电子邮箱:lovelxia_2008@163.com
封面设计:郑春鹏
责任校对:苗　丹
责任印制:高春晓

出版发行:中国铁道出版社有限公司(100054,北京市西城区右安门西街 8 号)
网　　址:http://www.tdpress.com
印　　刷:北京盛通印刷股份有限公司
版　　次:2023 年 2 月第 1 版　2023 年 2 月第 1 次印刷
开　　本:787 mm×1 092 mm 1/16　印张:10.5　字数:248 千
书　　号:ISBN 978-7-113-29696-4
定　　价:81.00 元

版权所有　侵权必究

凡购买铁道版图书,如有印制质量问题,请与本社读者服务部联系调换。电话:(010)51873174
打击盗版举报电话:(010)63549461

编 委 会

主　　编：张润宝

副 主 编：韦友春　张文轩

编写人员：王　婧　刘玉辉　张克永　杨志鹏

　　　　　王小兵　王　斌　游诚曦　朱海峰

　　　　　李艳龙　汪海瑛　赵剑峰　乔凯庆

　　　　　李向东　陈国成　慕玫君　盛　良

　　　　　杜清全

序

随着电气化铁路特别是高速铁路的迅猛发展,"四纵四横"高铁网建成、"八纵八横"高铁网加密成型,电气化铁路正在为国民经济发展、人民群众便捷出行发挥巨大作用。接触网为动车组(电力机车)直接提供电能,其"无备用系统、零部件众多、弓网配合关系复杂、极易受环境因素干扰、故障后对运输秩序影响大"的特点,对接触网的维护工作提出了更高的要求,必须运用先进的科技手段加强对接触网的维护,供电安全检测监测系统(6C系统)应运而生。

6C系统以全覆盖检测、自动化监测、智能化分析、大数据应用为基本技术路线,通过在线检测、等速检测、移动检测等方式,实现对高速铁路弓网动态运行参数、接触悬挂和零部件状态、受电弓滑板状态、接触网特殊断面及重点设备状态,以及接触网运行环境的检测监测,特别是为时速350公里运行条件下接触网设备的毫米级状态变化监控创造了条件。这一手段的广泛应用,可实时掌握设备运行状态,精确定位缺陷位置,有效提高接触网缺陷处置的及时性和维护投入的准确性,提高劳动生产效率,减少天窗占用,节约维护成本,降低劳动强度,改善工作环境,为"预防为主,重检慎修"维护策略落地和"运行、检测、维修分离,实施专业化管理"修程修制改革实施提供了支撑和保障。实践证明,6C系统值得大力推广、广泛应用。

有了好的检测监测手段,做好检测监测数据的分析是关键。6C系统投入运用以来,铁科院技术团队联合铁路局专业力量,积极推进检测监测数据分析应用,及时总结多场景应用经验,不断改进分析的技术方法,探索大数据技术应用,通过近年来的研究,归纳、提炼出6C系统数据分析方法并编制成书,对数据分析应用具有较高的指导价值、实用价值和教育培训价值。

希望本书能够为全路6C系统数据分析、应用能力的提升提供帮助和借鉴,从而更好地指导接触网养护维修。也希望各级检测分析单位和人员在应用中不断丰富分析方法、完善应用场景,为更好地发挥检测监测数据的价值而努力。

2022年8月

前　言

6C系统检测功能多、项目广、数据全，已成为指导现场设备安全隐患排查、养护维修、应急抢修的重要手段。但6C系统产生的各类检测监测数据特点各异，表征含义不同，如何使用正确的数据分析方法，充分挖掘6C系统数据价值至关重要。为更好地利用6C数据，充分发挥数据价值，高效服务现场应用，在中国铁道科学研究院集团有限公司、各铁路局集团公司不断总结与探索下，形成了阈值管理、重复对比、融合分析等直接分析法，基于人工智能的设备状态自动识别算法等，能从海量数据中发现设备蛛丝马迹的变化，为全面掌握设备状态提供了技术手段。为更好地推广和应用好这些技术手段，编写了本书。

本书共分7章，从6C系统的数据来源及检测原理出发，结合现场典型案例，详细论述了各类检测监测数据的分析方法。第1章介绍接触网检测的背景，包括电气化铁路发展史、国内外检测技术的发展历程、检测数据分析历经阶段及发展方向。第2章详细分析了6C系统各装置的检测原理、获得的检测数据类型。第3章论述了1C检测数据分析，包括相关标准、常用分析方法、典型案例剖析。第4章介绍3C装置，第5章介绍4C装置，第6章论述了2C、5C、6C装置检测监测数据分析，包括相关标准、常用分析方法、典型案例剖析。第7章基于现有技术及应用需求，展望数据分析发展方向。

本书凝结了编者多年的研究成果和实践经验，期待能够为从事6C数据分析的专业技术人员提供参考和帮助。同时，也期待检测数据分析工作者在实践中不断凝练新的分析方法与成果，为检测监测大数据价值的发挥添砖加瓦。在此谨对关心、支持本书出版的同行表示衷心的感谢。

编者水平有限，书中难免存在错漏之处，恳请读者批评指正。

编　者
2022年7月

目　　录

第1章　绪　　论 ……………………………………………………………………… 1
　1.1　电气化铁路的发展 …………………………………………………………… 1
　1.2　接触网检测技术发展 ………………………………………………………… 2
　　1.2.1　国外接触网检测技术研究现状 ………………………………………… 2
　　1.2.2　国内接触网检测技术研究现状 ………………………………………… 4
　1.3　接触网检测监测数据分析的发展 …………………………………………… 11
　　1.3.1　检测监测评价方法 ……………………………………………………… 11
　　1.3.2　检测监测数据分析发展方向 …………………………………………… 12

第2章　6C系统检测监测数据 ……………………………………………………… 14
　2.1　弓网综合检测装置 …………………………………………………………… 14
　　2.1.1　测量原理 ………………………………………………………………… 14
　　2.1.2　检测数据及分析方法 …………………………………………………… 16
　2.2　接触网安全巡检装置 ………………………………………………………… 17
　　2.2.1　测量原理 ………………………………………………………………… 17
　　2.2.2　检测数据及分析方法 …………………………………………………… 17
　2.3　车载接触网运行状态检测装置 ……………………………………………… 19
　　2.3.1　测量原理 ………………………………………………………………… 19
　　2.3.2　检测数据及分析方法 …………………………………………………… 21
　2.4　接触网悬挂状态检测监测装置 ……………………………………………… 21
　　2.4.1　测量原理 ………………………………………………………………… 22
　　2.4.2　检测数据及分析方法 …………………………………………………… 22
　2.5　受电弓滑板监测装置 ………………………………………………………… 24
　　2.5.1　测量原理 ………………………………………………………………… 25
　　2.5.2　检测数据及分析方法 …………………………………………………… 25
　2.6　接触网地面监测装置 ………………………………………………………… 26
　　2.6.1　测量原理 ………………………………………………………………… 26
　　2.6.2　检测数据及分析方法 …………………………………………………… 27

第3章　1C装置检测数据分析 ……………………………………………………… 30
　3.1　分析依据 ……………………………………………………………………… 30
　　3.1.1　局部缺陷诊断 …………………………………………………………… 30

3.1.2 综合状态评价 ··· 30
3.2 分析方法 ··· 31
 3.2.1 数据特征 ··· 31
 3.2.2 阈值管理分析 ·· 41
 3.2.3 图像辅助分析 ·· 42
 3.2.4 重复对比分析 ·· 43
 3.2.5 图形化分析 ·· 44
 3.2.6 数据综合分析 ·· 45
 3.2.7 数据融合分析 ·· 45
3.3 典型案例剖析 ··· 46
 3.3.1 局部缺陷诊断典型案例 ·· 46
 3.3.2 综合状态评价典型案例 ·· 66

第4章 3C装置检测数据分析 ··· 72

4.1 分析依据 ··· 72
4.2 分析方法 ··· 73
 4.2.1 分析运用场景 ·· 73
 4.2.2 阈值诊断分析 ·· 75
 4.2.3 图像辅助分析 ·· 76
 4.2.4 重复对比分析 ·· 77
 4.2.5 数据融合分析 ·· 78
 4.2.6 温度异常分析 ·· 79
 4.2.7 问题频发零部件分析 ··· 79
 4.2.8 数据挖掘分析 ·· 81
4.3 典型缺陷剖析 ··· 85
 4.3.1 动态几何参数典型案例 ·· 85
 4.3.2 弓网受流参数典型案例 ·· 88
 4.3.3 零部件温度异常典型案例 ··· 92
 4.3.4 零部件非正常状态典型案例 ······································· 95
 4.3.5 受电弓状态异常典型案例 ··· 98

第5章 4C装置检测数据分析 ··· 100

5.1 几何参数检测数据 ··· 100
 5.1.1 分析依据 ··· 100
 5.1.2 分析方法 ··· 101
 5.1.3 典型案例剖析 ·· 104
5.2 图像检测数据 ··· 111
 5.2.1 分析依据 ··· 111
 5.2.2 分析方法 ··· 111

  5.2.3 典型案例剖析 ·· 121

第6章 2C、5C、6C装置检测监测数据分析 ·· 129

6.1 2C装置检测数据分析 ·· 129
  6.1.1 分析依据 ·· 129
  6.1.2 分析方法 ·· 129
  6.1.3 典型案例剖析 ·· 141
6.2 5C装置检测数据分析 ·· 143
  6.2.1 分析依据 ·· 143
  6.2.2 分析方法 ·· 144
  6.2.3 典型案例剖析 ·· 144
6.3 6C装置检测数据分析 ·· 146
  6.3.1 分析依据 ·· 146
  6.3.2 分析方法及典型案例 ·· 146

第7章 检测监测数据分析方法展望 ··· 152

7.1 设备状态变化识别 ·· 152
7.2 图像智能识别 ·· 153
7.3 大数据平台及云计算应用 ··· 154

参考文献 ··· 156

第 1 章 绪 论

从 1958 年第一条电气化铁路开建至今,经过 60 余年的发展,我国电气化铁路实现了从无到有、从普速到高速、从快速扩张到品质提升的历史性跨越。目前,我国拥有了世界上规模最大的电气化铁路网和最发达、最繁忙、运营速度最高的高铁网。我国铁路坚持高速铁路和普速铁路全覆盖、立体化、自动化检测的技术路线,10 年时间,构建了以高速铁路供电安全检测监测系统(以下简称"6C 系统")为主要内容的供电安全检测监测体系,并在普速电气化铁路推广,为实时掌握供电设备运行状态、总结运行规律、指导运行维修和应急抢修提供了可靠的数据支持,为构建智能运维体系奠定了基础。

1.1 电气化铁路的发展

自 1879 年 5 月 31 日西门子和哈尔斯克公司在柏林世博会上展出世界上第一条电气化铁路以来,电气化铁路(或者说是接触网)迄今已有超 140 年的历史。之后,随着工业国家生产力的快速发展,以及对环境保护的日益重视,各国开始了大规模的电气化铁路建设。20 世纪 70 年代末,工业发达的欧洲、日本及苏联铁路主干线已基本实现电气化。1964 年 10 月,日本建成世界上第一条高速电气化铁路——东海道新干线,以 210 km 的时速创造了当时的世界纪录。20 世纪 80 年代后,出现了电气化铁路建设高潮,规模与速度都大幅度增长。一些发展中国家,如中国、印度、土耳其、巴西等国家的电气化铁路建设也开始大面积展开。在此期间,继日本高速电气化铁路时速提高到 270~300 km 之后,德国和法国相继建成时速达 250~350 km(ICE 和 TGV)的高速电气化铁路。截至 2021 年底,已建成高速电气化铁路的国家有中国、日本、法国、德国、意大利、西班牙等,正在积极建设或规划建设的还有瑞士、奥地利、加拿大、澳大利亚、印度等。中国在高速铁路建设和运营上的崛起和突飞猛进,使电气化铁路事业达到新的高度。

我国自 1961 年 8 月 15 日第一条电气化铁路在宝鸡至凤州段正式通车以来,电气化铁路展现出强劲的发展态势,其发展历程主要分为四个阶段。

20 世纪 80 年代:1982 年 10 月 1 日,我国第一条双线电气化铁路——石太铁路开通运营,大幅提升了铁路运输能力;1985 年 12 月 15 日,我国第一条利用外资引进国外先进技术的京秦铁路开通运营,首次采用 AT 供电方式;1988 年 12 月 26 日,我国第一条重载双线电气化铁路——大秦铁路一期建成开通,大秦铁路是由我国自主设计和施工,以煤运为主的重载铁路,是现代化重载铁路的典范。

20 世纪 90 年代:1995 年 6 月 1 日,我国第一条提升标准的新线电气化铁路——宝中铁路建成开通,工程技术标准全面提升;1998 年 7 月 22 日,我国第一条时速 200 km 电气化铁路——广深铁路开通。

21 世纪初:2001 年 12 月 1 日,我国第一条引进德国牵引供电技术和设备的电气化铁路——哈大铁路全线开通运营;2003年10月11日,我国第一条自主设计、施工的客运专线——秦沈客专正式开通运营;2006年7月1日,我国实现铁路六次大提速的关键项目——京沪铁路电气化工程开通运营。

高速铁路快速发展阶段:2008年8月1日,我国第一条设计时速350 km的客运专线——京津城际铁路开通运营,最高试验速度394.3 km/h,刷新了中国铁路试验速度纪录,成为高速铁路建设的示范性样板工程;2009年12月26日,我国第一条牵引供电核心设备国产化、设计时速350 km的武广客专开通运营;2011年6月30日,世界上一次建成线路最长、标准最高的高速铁路——京沪高铁开通运营,双弓运营动车组创造了486.1 km/h的最高运营试验速度;2012年12月1日,我国第一条高寒地带的客运专线——哈大客专开通运营;2014年12月26日,我国第一条高原、高寒、大风区客运专线——兰新客专开通运营;2019年12月30日,我国第一条时速350 km的智能高速铁路——京张高铁开通运营。

高速铁路的发展彰显了我国社会经济的巨大进步和铁路电气化技术的飞速发展,特别是武广高铁开通以来,电气化营业里程快速增长。截至2021年底,我国电气化营业里程已突破11万 km,电气化率达73%,高铁里程达到4万 km,三项指标稳居世界第一位。

1.2　接触网检测技术发展

电气化铁路牵引供电系统主要包括接触网和牵引变电所亭两部分,接触网是一种特殊形式的铁路供电线路,为电力机车或动车组提供可靠且不间断的电能。接触网露天架设,直接与电力机车或动车组受电弓相互作用,由于其室外运行且无备用,因此接触网容易受一些外部因素影响,其性能的优劣直接影响受电弓受流质量,决定列车的运行速度和安全。同时,随着铁路运输日益繁忙、列车密度不断增大、跨线运输逐渐增多,特别是接触网设备维护保养受天窗限制等特点,如何在最大限度保证铁路运输秩序的前提下,对接触网设备进行在线检测监测,及时全面地掌握接触网设备运行状态,实现电气化铁路供电设备状态修,对提高牵引供电系统的安全性和可靠性,满足高速铁路安全高效运营的需要具有十分重要的意义。

1.2.1　国外接触网检测技术研究现状

20世纪40年代,德国研制了接触网参数的单项测量装置,50年代又研制了整车检测装置,进行包括受电弓空气动力学特性、接触悬挂振动及受流性能等动态作用参数试验,其研制的检测车侧重检测高速弓网接触力,评价弓网关系质量。法国、日本等也根据不同需求设计了自己的弓网动态作用参数检测车,法国重点关注接触悬挂的动态弹性检测和燃弧检测,日本则突出燃弧检测和磨耗检测。

20世纪70年代初,各电气化铁路发达国家从遮光式、滚轮式等接触式检测技术开始向超声波、激光、图像处理等非接触式检测技术过渡。德国、日本、法国、意大利、奥地利、西班牙等检测技术发展较为领先,其中,德国DB公司在20世纪80年代初研制出了结合伺服跟踪装置的图像式非接触式检测装置,如图1.1所示。该系统以其检测数据的精确性及缺陷诊断的准确性得到广泛应用,最高检测速度350 km/h。

2002年,东日本铁路公司研制的East-Ⅰ新干线电气高速检测列车投入使用,取代了

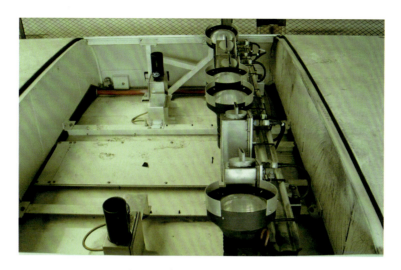

图 1.1 德国非接触式检测装置

"Doctor Yellow"检测车,该车对接触网的检测项目有 11 项,采用接触式测量和半导体激光器与 CCD 相机相组合的非接触式测量。2007 年,日本开发了利用图像处理技术进行弓网检测的新设备,图 1.2 为日本 East-Ⅰ综合检测车。

图 1.2 日本 East-Ⅰ综合检测车

意大利 TECHNOGAMMA 公司开发了 WIRE CHECK 接触网几何参数和磨耗测量系统,该系统采用激光照射接触线底部,通过 CMOS 相机接收反射图像的方式计算相关参数,其最高检测速度可达 350 km/h,最高采样距离不大于 20 mm,该系统被韩国、挪威、瑞典等多个国家的检测列车采用。2015 年 MERMEC 公司完全收购 TECHNOGAMMA 公司,并改进该系统研制出新型接触网检测车,如图 1.3 所示。

近些年来,国外涌现了大量专家学者提出新式接触网检测技术。例如,意大利、德国的学者开始研制基于纤维光学传感器的弓网检测系统,更有学者选择纤维光学传感器中具有很强抗高压、抗电磁干扰能力的布拉格光栅传感器,这些检测技术已在实际线路测试。土耳其的学者也提出了利用计算机视觉技术实时控制受电弓,调整弓网接触力避免燃弧的方法。

图 1.3　意大利接触网检测车

1.2.2　国内接触网检测技术研究现状

我国接触网检测起步相对较晚,经历了人工观察测量、光学摄像人工分析、传感器动态检测、数字图像自动处理等发展过程。我国接触网检测技术发展主要经历了两个阶段:第一阶段是 20 世纪 80 年代至 21 世纪初,以中国铁道科学研究院(以下简称"铁科院")和西南交通大学为主要研制单位的初期摸索阶段,陆续开发了适应不同速度等级的弓网检测车。西南交通大学于 1998 年 12 月成功自主研发了满足 160 km/h 准高速检测需求的 JJC-3 型接触网检测车,具备在线检测电气化铁路接触网拉出值、导线平行间距、导线高度、线岔状态、接触网电压、车体振动等多项机械和电气技术参数的功能。图 1.4 所示为 JJC 型接触网检测车。

图 1.4　JJC 型接触网检测车

第二阶段是在高速铁路投产后,针对高速铁路的运行特点,在全路范围内开展的接触网检测新技术研究。2012 年,铁道部运输局提前筹划,预判铁路发展面临的矛盾,创新管理思路,提出运用科技手段提升设备运行维护质量,解决精准维修的问题,发布《高速铁路供电安全检测监测系统(6C 系统)总体技术规范》(铁运〔2012〕136 号),形成了较为完善的供电 6C 检测监测体系。6C 系统发展历程主要节点如下:

2008 年,铁道部组织铁科院、长春轨道客车股份有限公司等单位在国内弓网检测系统研究的基础上,通过引进消化吸收再创新研制了"0号高速综合检测列车",其性能满足250 km/h速度的检测要求。检测项目主要包括:接触网几何参数、弓网动态作用参数、供电参数、接触网运行环境视频监视等。该车接触网检测系统项目齐全,检测精度高,接触网动态检测数据实时处理子系统,能实时完成波形显示、数据存储、数据处理、超限判断与专家诊断,并对检测结果进行修正,可以有效消除车体振动的影响。"0号高速综合检测列车"研制成功标志着我国在综合检测列车领域跨入了世界先进行列,图1.5所示为0号高速综合检测列车。

图1.5　0号高速综合检测车

随着以京沪高铁为代表的时速350 km高速铁路的开工建设,亟需研制时速350 km及以上速度等级的高速综合检测列车。2009年,铁科院联合唐山轨道客车股份有限公司,承担了我国"863计划"重点项目"最高试验速度400 km/h高速检测列车关键技术研究与装备研制",于2011年4月成功研制了CRH380BJ-0301高速综合检测列车,如图1.6所示。同时,建成了地面检测数据分析处理中心,具有车地数据传输、海量检测数据存储管理、智能综合分析、数据挖掘、综合评估、维护决策支持和综合展示的能力,为动态掌握我国高速铁路基础设施状态、指导养护维修提供了科学可靠的数据支撑。图1.7所示为地面检测数据分析处理中心。

图1.6　CRH380BJ-0301高速综合检测车

图 1.7　地面检测数据分析处理中心

2014 年开始,为保障高寒高速铁路运营安全,铁科院开展了一系列科研攻关,联合中车长春轨道客车股份有限公司于 2016 年成功研制了时速 350 km 的 CRH380BJ-A-0504 高寒型高速综合检测列车,如图 1.8 所示。

图 1.8　CRH380BJ-A-0504 高速综合检测车

截至 2020 年,我国已研制 14 列高速综合检测列车,其中,时速 250 km 速度等级 3 列,时速 300 km 速度等级 2 列,时速 350 km 速度等级 9 列,高速综合检测列车统计见表 1.1。自 2007 年合宁客运专线联调联试以来,高速综合检测列车参加了京津城际、京广高速、京沪高速、京哈高速等我国所有新建高速铁路的联调联试,为我国高铁建设发展做出了极大的贡献;同时高速综合检测列车每月对所有动车组运行线路进行 2～3 次检测,及时发现影响运营安全的设备缺陷,高速综合检测已成为高铁安全运行保障中的重要一环。通过对检测数据的深入分析,养护维修部门制订更精准的维修计划,极大地提高了效率,节约了成本,检测数据分析应用已成为提高检修效率不可或缺的重要手段。

为保障高速铁路的安全运行,图像检测技术在接触网检测中应运而生,其中具有代表性的发展历程如下:

表 1.1　高速综合检测列车统计表

序号	检测列车编号	速度等级/(km·h^{-1})	投入运用时间
1	CRH2A-2010	250	2007 年
2	CRH5J-0501	250	2008 年
3	CRH2C-2061	300	2008 年
4	CRH2C-2068	300	2009 年
5	CRH2C-2150	350	2010 年
6	CRH380AJ-0201	350	2011 年
7	CRH380BJ-0301	350	2011 年
8	CRH380AJ-0202	350	2014 年
9	CRH380AJ-0203	350	2014 年
10	CRH380AM-0204	350	2015 年
11	CRH2J-0205	250	2015 年
12	CRH380BJ-A-0504	350	2016 年
13	CRH380AJ-2808	350	2020 年
14	CRH380AJ-2818	350	2020 年

接触网巡检是接触网运行状态的重要监视手段,早期基本采取人工步行巡检的方式,随着普速铁路提速以及高速铁路的开通运营,既有巡检方式无法及时掌握接触网设备运行状态,对接触网细节部位不能准确观察,容易造成缺陷遗漏。准确判断故障隐患、缩短巡视时间以及提高巡视效率成为迫在眉睫的需求。国内企业基于双通道图像采集技术研制出接触网巡检装置,实现了对接触网沿线进行实时拍摄成像,其中一路图像用于对接触网部件进行高清成像,辨识接触网的松、脱、断等典型性缺陷;一路图像用于获取接触网全景视频信息,通过杆号和里程信息实现对巡检图像的准确定位。2012 年春运期间,铁道部运输局供电部组织上海、北京、济南局供电处利用该巡检装置对京沪、武广、杭深等 15 条高速线路开展接触网巡查工作,历时 20 余天,巡检里程超过 1.2 万 km,平均每天巡检 600 km,共计发现缺陷 566 处。图 1.9 所示为接触网安全巡检装置。

图 1.9　接触网安全巡检装置

国内企业利用非接触式(红外热成像技术、高清图像技术、机器视觉技术和GPS及惯导定位技术等)检测技术,在运营机车上加装检测装置,实现对运营车辆的动态弓网关系进行检测监测,并通过无线网络实现运行过程中的疑似缺陷实时报警等功能,2010年4月,在成都局SS3型4095机车开展第一次安装试验,2011年后在北京局、武汉局和太原局展开机车型小批量安装试运行。该装置实现了检测工况与运营工况相同的检测新模式。图1.10所示为车载接触网运行状态检测装置。

图1.10　车载接触网运行状态检测装置

2013年,国内企业应用激光测距、图像识别、冗余信息处理、车号自动识别、滑板缺陷自动识别等技术,研制成功专门用于监测受电弓滑板状态的装置。该装置可自动识别受电弓滑板损坏、断裂和异物等异常情况,并实时报警,能自动识别并获得车号信息。图1.11所示为受电弓滑板监测装置。

图1.11　受电弓滑板监测装置

针对高速铁路接触网零部件"松、脱、断、卡、磨"等典型缺陷问题,以广铁集团为主研单位,借鉴车辆系统"TFDS"的成功经验,研制成功利用高速成像设备对接触网零部件进行高清成像,在计算机中对设备状态进行检查分析的接触网成像检测车。该设备突破了过去接触网检测系统仅针对几何参数和弓网关系进行检测的局限性,丰富了接触网检测内容,提高了运营单位提前发现设备缺陷并进行预防性检修的能力,保障了接触网运营安全。图 1.12 所示为武广高铁接触网成像检测系统车顶检测设备。

图 1.12　武广高铁接触网成像检测系统车顶检测设备

2016 年,由西南交通大学与清华大学合作研制的接触网悬挂状态检测监测装置,实现了对高铁接触网零部件的连续定点自动抓拍成像,同时获取接触网悬挂图像和静态几何参数数据,实施"一杆一挡"式的存储与管理。同时,利用机器视觉原理,自动分析接触网悬挂状态图像特征与参数,并与施工标准或数据库中对应的历史图像特征与参数进行对比,实现接触网悬挂状态典型缺陷的智能分析识别,提供准确的缺陷部位和缺陷类型信息,引导对接触网缺陷进行即时维修,该功能在国内外同行业属首创。该装置在我国电气化铁路进行了大量配置,在发现接触网零部件缺陷、保障弓网安全运行方面发挥了重要作用。图 1.13 所示为安装接触网悬挂状态检测监测装置的 JX300 型高铁接触网检测车。

图 1.13　JX300 型高铁接触网检测车

2012年,铁道部发布了《高速铁路供电安全检测监测系统(6C系统)总体技术规范》(铁运〔2012〕136号),2014年,6C系统各装置技术条件发布。构建了包括对接触网状态参数及弓网受流参数进行检测的弓网综合检测装置(以下简称"1C装置")、对接触网运行环境和外部环境进行检测的接触网安全巡检装置(以下简称"2C装置")、对接触网运行状态进行监测的车载接触网运行状态检测装置(以下简称"3C装置")、对接触悬挂及零部件状态进行检测的接触网悬挂状态检测监测装置(以下简称"4C装置")、对受电弓滑板状态进行监测的受电弓滑板状态监测装置(以下简称"5C装置")、对接触网特定位置振动特性、线索温度、补偿位移、绝缘状态等接触网技术状态进行监测的接触网地面监测装置(以下简称"6C装置"),以及对6C系统各装置检测监测数据集中汇集处理与综合分析展示的"6C系统综合数据处理中心"。

随着6C系统各装置的投入运用,各装置汇集大量检测监测数据,如何对海量检测数据进行集中管理,并实现各装置检测监测数据的互联互通,进而更加精准地指导接触网运行检修,成为6C系统进一步发展亟待解决的问题。2014年,铁路总公司发布了《6C系统综合数据处理中心暂行技术条件》(铁总运〔2014〕345号),规范和统一了数据中心的应用要求、功能构成,明确了确保6C系统检测监测数据完整性、有效性及其应用效果的技术条件。2015年,由国内企业研发的6C系统综合数据处理中心首次在广州供电段投入运行,成为整合6C系统各装置检测监测数据,进行综合分析处理、信息展示、数据交换的平台,为供电安全检测监测信息综合应用的建设和发展提供了技术支撑和实践探索。2016年,供电安全检测监测信息综合应用总体方案发布。图1.14所示为广州供电段6C系统综合数据处理中心。

图1.14 广州供电段6C系统综合数据处理中心

6C系统的构建为保障供电设备安全、指导供电设备维修、评价供电设备质量奠定基础。

1.3 接触网检测监测数据分析的发展

1.3.1 检测监测评价方法

日本、德国、法国等采用不同的方法对高速铁路受电弓与接触网关系进行研究，形成了具有各自特色的评价体系。日本对高速铁路弓网关系评价主要依托日本铁路标准(JRS)，评价指标包括波动传播速度、离线率、弓网接触力、接触线抬升量、接触线应力。德国铁路公司根据DIN系列标准对高速铁路受电弓与接触网关系进行评价，评价指标包括：平均接触力、接触力标准偏差、受电弓前后滑板所受压力的比值、燃弧。法国则采用接触线抬升量、跨中受电弓振幅、离线率和接触力标准偏差综合对高速铁路受电弓与接触网进行评价。其他大多数国家采用 IEC 62486《轨道交通 受流系统 受电弓与接触网相互作用准则》、IRS 70019《轨道交通 固定设备 接触网互通性评价》对接触网检测参数进行评价。

我国的接触网检测监测数据评价体系主要经历了三个发展阶段：

第一阶段，普速铁路接触网检测数据评价起步阶段。1999年铁道部发布《接触网运行检修规程》(铁运〔1999〕102号)，贯彻"修养并重、预防为主"的方针，使检修具有针对性，按规定周期对接触网进行检测监测，主要检测接触网几何、冲击力(硬点)、弓网接触力等参数，离线不作为评价参数，各检测参数未设置缺陷阈值。根据检测结果，对设备的运行状态用三种量值界定：标准运行状态值，即设备的最佳运行状态值，该值一般根据设计规定的技术条件及规程规定的标准值来确定；安全运行状态值，即设备在该值内运行是绝对安全的，该值一般根据技术条件规定的允许偏差范围来确定；状态限界值，即该值为临界值，当设备运行状态超过安全运行状态值，但仍在状态限界值内运行时，其出故障的概率应小于事先规定的值，在没有充分依据的条件下，该值一般由运行实践来确定。

为全面掌握设备运行状态，每年开展一次接触网整体质量鉴定工作，质量等级的鉴定按单项设备和整体设备分别进行，鉴定后的质量等级分为优良、合格、不合格三种，优良率、合格率、不合格率分别按相应质量等级的设备数量(换算条公里)占设备鉴定总数(换算条公里)的百分比确定。

此版检规开创了单项设备和整体设备静态运行状态整体质量鉴定的先河，被后续发布的维规延续使用，并为我国接触网检测监测数据评价提供了方法借鉴和方向指引。

第二阶段，普速铁路接触网检测数据评价发展阶段。2007年，铁道部发布《接触网运行检修规程》(铁运〔2007〕69号)，坚持"预防为主、修养并重"的方针，按照"周期检测、状态维修、寿命管理"的原则，遵循精细化、机械化、集约化的检修方式，依靠科技进步，积极采用接触网自动化检测手段和机械化维修手段，提升接触网维修技术参数的精准度，不断提高接触网运行品质和安全可靠性。主要检测接触网几何、冲击力(硬点)、弓网接触力等参数，离线不作为评价参数，各检测参数设置了明确的缺陷阈值。根据监测结果，对设备的运行状态用三种量值来界定，标准值：该值一般根据设计规定的技术条件及本规程规定的标准值来确定；安全值：该值一般根据技术条件规定的允许偏差范围来确定；限界值：该值为临界值，当设备运行状态超过安全值，但仍在限界值内运行时，其出故障的概率应小于事先规定的值。在没有充分依据的条件下，该值一般由运行实践来确定。

第三阶段,普速和高速铁路接触网检测数据评价完善阶段。2015年中国铁路总公司发布《高速铁路接触网运行维修规则》(TG/GD124—2015)(以下简称"高速维规"),2017年发布《普速铁路接触网运行维修规则》(TG/GD116—2017)(以下简称"普速维规"),坚持"预防为主、重检慎修"的方针,按照"定期检测、状态维修、寿命管理"的原则,遵循专业化、机械化、集约化维修方式,依靠6C系统等手段,建立信息资源共享平台,实行"运行、检测、维修"分开和集中修组织模式,确保接触网运行品质和安全可靠性。充分利用6C系统等手段对接触网定期进行检测,开展即时、定期分析诊断,按照标准值、警示值、限界值界定设备状态,划分缺陷等级(两级缺陷),为设备维修提供依据。达到或超出限界值的一级缺陷纳入一级修(临时修),由运行工区及时组织修理;达到或超出警示值且在限界值以内的二级缺陷纳入二级修(综合修),由维修工区按计划修理。运行7年或弓架次达到50万次以上,或动态检测发现弓网动态作用特性成区段持续不良、故障多发以及线路平纵面发生调整的区段开展三级修(精测精修),恢复设备标准状态,应委托具有资质的设计单位完成三级修施工设计,并组建专业队伍或委托具有高速铁路接触网施工业绩的专业队伍实施。自2016年9月起,采用"接触网运行质量指数"对接触网动态运行质量进行评价。"接触网运行质量指数"依据接触网动态检测参数的特征,对动态拉出值、动态接触线高度、弓网接触力和燃弧率四项检测参数分别采用Topsis评价方法形成四个以1正线公里为评价单元的评价分量,再对每个评价单元中的四个评价分量求平均值获得。2021年7月,国铁集团发布《接触网动态检测评价方法》(Q/CR 841)(以下简称《动态检测评价方法》)、《接触网静态检测评价方法》(Q/CR 842)(以下简称《静态检测评价方法》)两项标准,构建了"接触网静态质量指数(CQI)""接触网动态性能指数(CDI)"两项综合评价指标,实现对接触网进行区段质量评价,完善了接触网质量评价体系。

至此,我国建立了"局部缺陷诊断"和"综合状态评价"相结合的检测评价体系,并逐步成熟。局部缺陷诊断注重发现和消除接触网的安全隐患,是接触网质量评价中不可或缺的一部分。综合状态评价注重描述区段接触网的质量状态,通过对影响接触网质量状态的检测数据进行计算,获得设备整体区段质量状态的量化描述,进而指导接触网设备的维修管理。接触网区段质量评价的目的不是消除缺陷,而是为了提高接触网性能、优化弓网关系、延长接触网运行寿命、指导维修决策。

1.3.2 检测监测数据分析发展方向

构建现代化养护维修体系、智能化牵引供电系统,检测监测是关键和基础。目前,以6C系统为主要内容的供电安全检测监测体系基本成型并发挥了巨大作用。6C系统的应用降低了供电系统事故、故障的发生率,促进了供电修程修制改革进程,但检测监测仍存在数据分散、共享困难、自动化分析水平不高等问题。

针对以上问题,应以平台超前、算法先进、分析精准为重点,推动检测监测手段不断进步,实现自动化检测、全覆盖监测和智能化分析。通过搭建大数据平台,制定数据归集管理办法,逐步实现检测监测数据、维修数据、病害样本数据、设备台账数据、环境气候数据等主要数据信息的归集管理和共享共用;建立全路接触网零部件标准词典和缺陷样本图库,提升接触网2C、4C等图像智能分析技术水平;统一数据分析软件,统筹使用全路车载式检测装备(3C),实现数据共享;制定数据分析指导意见,细化明确各级分析重点,突出大值和变量,构建多源数据融合、大数据智能分析算法库,深化机器学习,提升数据分析运用水平。

建设铁路供电安全检测监测信息综合应用,按照装置运用管理职责分层存储检测产生的原始数据和衍生数据,针对不同层级的业务需求提供对应的数据分析技术与手段,是最大化发挥供电6C系统作用的必由之路。目前,按照《铁路供电安全检测监测信息综合应用总体方案》要求,全路已初步构建起按照国铁集团级、铁路局级和供电段级三级部署的6C系统信息综合应用。通过统一的数据接口和规范,打通了供电段(维管段)—铁路局—国铁集团间的数据壁垒,实现了数据共享。

检测监测数据分析的前提是要有充足、可靠的数据源,这需要做大量的数据归集工作,而使数据能够达到应用的目的,则必须通过完备的数据治理体系,将无序的、不统一的、不可解释的数据变为规范标准的便于快速分析应用的结构化数据。这其中包含对数据格式、数据规则和数据流程等内容的约定,如在归集过程中对检测原始波形数据文件存储格式进行统一、对缺陷报表字段进行统一、对各局基础台账信息格式进行统一等。数据治理是一个长期的任务,伴随检测监测数据整个运用周期,为高效分析检测监测数据提供可靠保障。

检测监测数据分析结果服务于养护维修,为实现"精准检测、以检定修"的修程修制改革理念,除要对分析结果进行科学定级和对应的分级维修策略外,还应深入探索现有检测数据价值。从接触网质量评价体系出发,在分析诊断方面,经过近些年的养护维护工作,高速铁路中已经很少出现显性的缺陷,动态检测中常规的接触线高度、弓网接触力等阈值判定方法已不能满足现有高品质供电的追求。因此,通过对数据的规模化探索,逐渐研究出新的缺陷识别算法,如通过建立指标描述1C检测波形中接触线高度和弓网接触力的形状变化特征,识别出由补偿卡滞等原因导致的锚段内接触线或承力索受力不均问题;通过1C和4C的静态、动态接触线高度融合分析,识别出接触线的弹性特征等;在状态评价方面,近两年在全路推广应用的CDI和CQI指标,能够定量地对接触网的动、静态质量进行评价,可以作为实现状态预警的数据支撑,利用经过数据治理后的长周期数据,可对接触网长期的状态变化趋势进行预测和预警,为维修决策提供依据。

检测监测数据分析,同样能够促进6C装置智能化水平的提升。当前在建的铁路基础设施检测监测数据平台,利用数据共享思想,结合供电6C大数据分析系统,将归集的全路供电6C缺陷数据形成病害库。按照数据治理思想,采用统一的缺陷和类型定义,对缺陷的图像进行分类,形成覆盖全路范围内的各型接触网结构图库,将其作为基于深度学习的图像智能识别算法的训练库和测试库。利用大数据平台提供的算力,能够快速对算法进行验证,并将验证有效的算法在全路各级6C系统信息综合应用中进行推广,这一过程可以加速提升2C、4C等装置图像识别智能化水平。

第 2 章　6C 系统检测监测数据

6C 系统采用大数据、物联网、人工智能等先进技术,对电气化铁路供电设备进行全方位、全覆盖、立体化的综合检测监测,通过对检测监测数据分析,总结设备状态变化规律,指导供电设备的运行维修,评价供电设备的运行质量。6C 系统检测监测数据多样,各装置数据之间相互独立又相互联系,为更好开展数据分析,分析人员需全面了解 6C 系统各装置组成、检测原理、检测项目等,熟练掌握数据分析方法,综合分析各装置检测数据,充分发挥检测监测数据在接触网状态评价和运行维修中的作用。

2.1　弓网综合检测装置

1C 装置包括高速弓网综合检测装置和普速弓网综合检测装置。高速 1C 装置是安装在高速综合检测列车上的固定检测设备,随着综合检测列车的运行测量接触网的状态参数及弓网受流参数;普速 1C 装置是安装在接触网检测车、检修作业车或其他专用轨道车辆上的固定检测设备,测量参数与高速 1C 装置基本相同。1C 装置主要用于新建线路联调联试和运营线路周期性检测,检测数据用于评价接触网状态、指导接触网的运行维修。运营高速铁路 1C 动态检测周期为 15 天,普速电气化铁路 1C 动态检测周期为 3 个月。图 2.1 所示为 1C 装置。

图 2.1　1C 装置

2.1.1　测量原理

2.1.1.1　接触网几何参数

接触网几何参数检测通常采用立体视觉测量方法,由车顶视觉测量模块,车内系统控制模块以及车底运动补偿模块三部分组成。基本原理是将测量平面内目标点的二维场景通过成像透镜投影到相机一维像平面上,然后通过欧氏空间变换和透视投影变换建立全局坐标系到图像坐标系之间的成像变换关系。检测时,通过摄像机获取的测量对象像素坐标,结合事先在测量范围内均匀分布的标定点信息,基于三角测量原理计算得出相对于车顶坐标系的接触线高度和拉出值。同时也可进行车体振动位移补偿信号的处理,与车顶检测结果叠加,完成接触网静态几何参数的测量。图 2.2 为光学非接触式接触网几何参数检测系统架构。

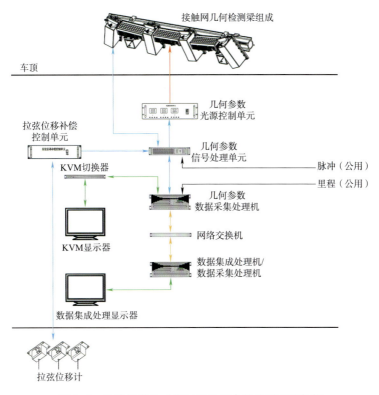

图 2.2　光学非接触式接触网几何参数检测系统架构

接触网几何参数检测方法还包括基于激光扫描技术检测、结构光视觉测量技术检测、角位移传感器技术检测等。

2.1.1.2　弓网动态作用参数

弓网动态作用参数检测设备主要由检测受电弓、压力传感器、加速度传感器、紫外光传感器、高压侧数据采集处理单元、光信号传输装置、供电隔离变压器、低压侧信号处理单元等组件以及软件采集系统组成。通过对弓网接触力、硬点、燃弧等检测数据进行数字滤波,并根据各检测参数的测量模型进行计算处理得到弓网动态作用参数。图 2.3 为弓网动态作用参数检测系统架构。

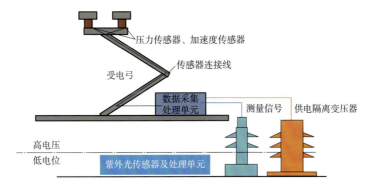

图 2.3　弓网动态作用参数检测系统架构

2.1.2 检测数据及分析方法

1C装置检测数据主要包括数值类数据和图像类数据。

数值类数据包括接触线高度、拉出值、接触线间水平距离、接触线间垂直距离、定位器坡度等接触网几何参数，表征接触网相对于受电弓、轨道之间以及多支接触线之间的空间位置关系；硬点、弓网接触力、燃弧等弓网动态作用参数，表征列车运行时的弓网相互作用关系。其中，接触网几何参数根据接触线是否受到受电弓抬升作用影响，分为接触网静态几何参数和接触网动态几何参数。图 2.4 所示为 1C 装置检测波形数据。

接触网几何参数和弓网动态作用参数是评价接触网设备状态的主要依据。目前，采用接触线高度、拉出值、弓网接触力、硬点、燃弧等参数诊断接触网局部缺陷，评价合格率、优良率、接触网静态质量指数（CQI）、接触网动态性能指数（CDI）等指标，综合反映和定量描述接触网质量状态。

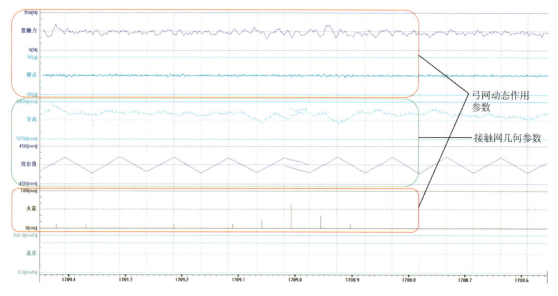

图 2.4　1C 装置检测波形数据

图像类数据为动态检测过程中采集的受电弓运行状态图像，用于辅助数值类数据分析。图 2.5 所示为 1C 装置弓网视频监控数据。

图 2.5　1C 装置弓网视频监控数据

依据1C装置检测数据特征、动态检测评价标准及接触网特性,通常采用阈值管理、视频辅助、重复对比、图形化、数据综合和数据融合等方法开展接触网的局部缺陷诊断与综合状态评价,服务接触网设备维修与管理。

2.2 接触网安全巡检装置

2C装置是临时安装在运营动车组、电力机车或其他轨道车辆司机室内的便携式检测设备,用于巡视检查接触网的技术状态,指导接触网的维修。通过高清成像装置拍摄接触网设施及相关周边环境,判断接触网设备有无明显松脱、断裂、卡磨等异常情况,自动识别外部环境中危及接触网运行安全的危树、鸟窝等。高速铁路、普速铁路2C装置检测周期一般为10天。图2.6所示为2C装置。

图2.6　2C装置

2.2.1 测量原理

2C装置利用图像采集设备和机器视觉技术,由高清成像相机、光源、GPS模块、人机交互设备等采集并定位视频图像,利用图像识别技术对鸟窝、异物、侵限、吊弦松弛、零部件松脱断裂等进行智能识别。图2.7所示为2C装置检测系统架构。

2.2.2 检测数据及分析方法

2C装置检测数据主要为图片或图像类数据,包括接触网全景、关键区域(接触悬挂、支持装置、附加悬挂等)及接触网外部环境成像,同时记录杆号、公里标、GPS等信息。利用智能识别技术判断接触网设备脱落、断裂等异常,影响接触网供电设备安全运行的环境因素,侵入接触网限界并妨碍列车运行安全的障碍或异物等,快速定位异常位置信息,生成缺陷报告、报表。图2.8所示为2C装置检测数据。

采用分区检查法将 2C 装置检测数据分为外部环境区域(A 类)、支持装置和附件悬挂区域(B 类)、接触悬挂区域(C 类)三个区域,针对不同区域确定关键分析项点。利用不同时段检测数据对比以及历史数据对比分析方法,评判接触网设备状态,同时结合线路、季节、天气等特点,进行重点区域重点设备专项分析。

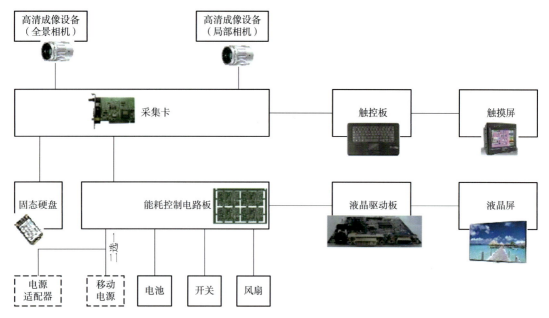

图 2.7 2C 装置检测系统架构

图 2.8 2C 装置检测数据

2.3 车载接触网运行状态检测装置

3C装置安装在运营动车组或电力机车上,实现对接触网的动态检测,检测结果用于指导接触网维修。随着车辆的运行对接触网状态进行全覆盖、全天候的动态检测监测,实时分析处理燃弧、接触网温度、接触网动态几何参数等检测数据,自动识别燃弧异常、接触网温度异常、几何参数超限等疑似缺陷,通过无线通信技术实时发送报警数据。3C装置检测周期为实时或定期。图2.9所示为3C装置。

2.3.1 测量原理

3C装置采用高速红外成像、动态高清可见光成像、多源图像同步、智能缺陷分析与预警、模式识别等技术实现非接触式实时检测受电弓及接触网设备温度,在线分析接触网运行状态下的几何参数,及时发现弓网缺陷及故障隐患,并通过无线通信技术实现远程监测和缺陷报警。图2.10所示为3C装置检测系统架构。

(a) 动车3C装置

(b) 机车3C装置

图2.9 3C装置

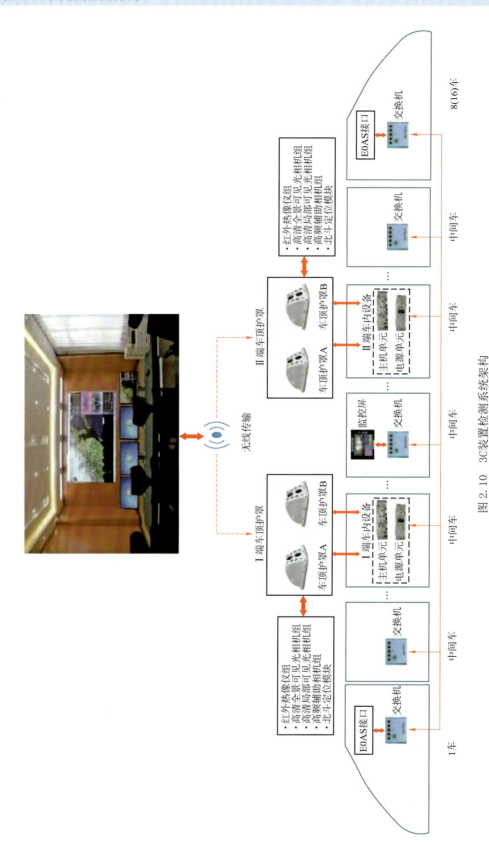

图 2.10 3C装置检测系统架构

2.3.2 检测数据及分析方法

3C装置检测数据主要包含数值类数据和图像类数据。

数值类数据包括拉出值、接触线高度、双支接触线水平距离等接触网动态几何参数,燃弧时间、燃弧率等弓网动态作用参数,以及接触网温度等,表征车辆运行时受电弓与接触线空间位置关系、受流情况及受电弓和接触网各部位温度情况;图像类数据包括全景、局部弓网运行视频和红外热成像视频等。依据检测数据,在线实时分析几何参数、温度异常和零部件非正常状态等缺陷,生成各类缺陷报告、燃弧重复性报告、缺陷统计和温度统计报表等。图2.11所示为3C装置检测数据。

 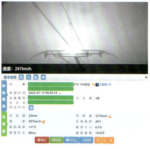

图2.11 3C装置检测数据

3C装置检测数据量大,报警信息多,需针对不同缺陷类型,采用不同分析方法和流程进行分析诊断。

几何参数类缺陷:采用阈值诊断和图像辅助方法确认缺陷,对已确认的缺陷采用对比分析、重复性分析、融合分析等方法梳理与缺陷发生相关的车型、弓型、原因、位置,综合得出分析结论。

温度异常类缺陷:依次进行发热部位辨识、最大温度分析、相对温度分析和重复性分析,确认温度异常部位和原因。

零部件非正常状态类缺陷:按检出次数和现场经验,通过图像资料分析零部件类型及异常状态原因,重点关注吊弦、分段绝缘器和定位装置等频发部件的缺陷信息。

2.4 接触网悬挂状态检测监测装置

4C装置安装在接触网检测车、作业车或其他专用轨道车上,对接触网的零部件实施成像检测,检测接触网的静态几何参数。通过检测数据分析,形成维修建议,指导消除接触网故障隐患。高速铁路4C装置检测周期一般为3个月,普速铁路4C装置检测周期一般为6个月。图2.12所示为4C装置。

图2.12 4C装置

2.4.1 测量原理

4C装置包括高清成像检测模块及几何参数测量模块。

高清成像检测模块采用动态拍摄、图像处理、数据库技术等,在检测车行驶过程中自动识别支持装置位置,确定成像设备定点拍摄时机,使其拍摄的图像能够有效呈现接触悬挂、支持装置、附加悬挂、吊柱座等区域的零部件状态。利用人工智能技术自动分析接触网零部件状态图像特征,实现接触网零部件状态智能分析。

几何参数测量模块综合运用机器视觉及数字图像处理技术,对拉出值、接触线高度、接触线间距、定位器坡度等接触网几何参数进行检测。同时引入车体姿态补偿设备,修正由于车体振动导致的几何参数测量偏差。图2.13所示为4C装置系统架构。

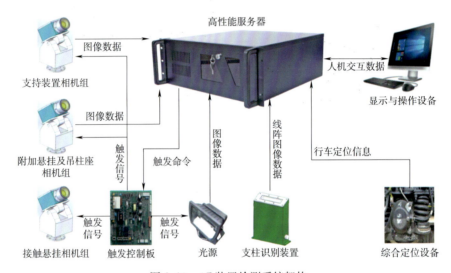

图2.13 4C装置检测系统架构

2.4.2 检测数据及分析方法

4C装置检测数据主要包括数值类数据和图像类数据。

数值类数据包括拉出值、接触线高度、双支接触线垂直距离、双支接触线水平距离、定位器坡度等,同时引入车体姿态补偿数据,反映接触线与轨道之间的静态空间位置关系。图2.14所示为4C装置接触网几何参数检测数据。采用静态几何参数进行局部缺陷诊断,可以评价接触网施工和维修质量,指导接触网精修调整;通过静态几何参数及设计参数计算接触网静态质量指数(CQI),评价接触线空间几何位置与目标状态偏离的程度。融合1C装置接触网动态几何参数和4C装置接触网静态几何参数计算接触线抬升量,反映接触网动态性能。

图像类数据包括:支持装置区域、接触悬挂区域、附加悬挂区域、吊柱座区域正反定位高清图像,承力索座、线夹、斜腕臂、平腕臂、吊弦、承力索、附加悬挂、吊柱座等部件多角度高清图像,成像范围为轨顶连线以上4 800～8 100 mm范围与轨顶连线的垂直中心线左侧3 500 mm至右侧3 500 mm范围相交叉区域,采用智能识别技术对接触网零部件变形、缺失、松脱、转动、移位、裂损等缺陷自动识别,生成各类统计及分析报表。图2.15所示分别为支持装置、附加悬挂、接触悬挂、吊柱座区域4C装置图像数据。

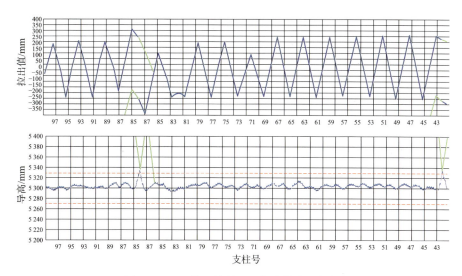

图 2.14 4C装置接触网几何参数检测数据

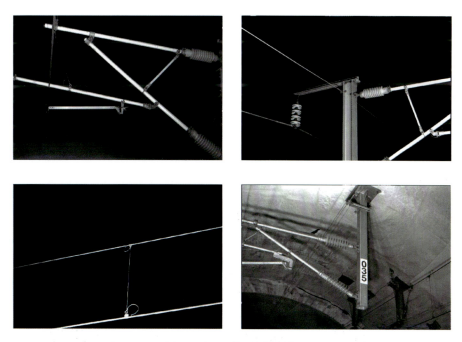

图 2.15 4C装置图像数据

图像类数据还包括接触悬挂连续视频,记录检测过程的接触悬挂状态,如图2.16所示。

4C装置数值类数据分析主要采用阈值分析和区段质量评价方法,以标准值、警示值和限界值3种阈值进行局部缺陷诊断,计算接触网静态质量指数(CQI),评价接触网静态质量;融合1C装置和4C装置检测数据对比计算抬升量,采用阈值分析法进行接触线抬升量缺陷诊断。

4C装置图像类数据表征接触网设备的外观状态,结合4C图像类数据特点,采用模块分析法对数据所表征的零部件状态进行遍历式逐一分析,判断接触网整体设备状态;也可采用专项

图 2.16　4C 装置视频图像类数据

分析，对特定的区域或零部件进行快速分析，判断特定区域或零部件的状态；采用对比分析、数据融合分析等方式可追溯缺陷发生的时间和成因。

2.5　受电弓滑板监测装置

5C 装置安装在电气化铁路的车站、车站咽喉区、电力牵引列车出入库区域等处，用于监测受电弓滑板的技术状态，及时发现受电弓滑板的异常状态用以指导接触网维修。采用图像采集设备对受电弓滑板、弓角进行状态监测，自动识别监测受电弓的车号，自动分析处理受电弓滑板损坏、断裂和异物等异常情况，缩小故障查找范围。检测周期为实时或定期。图 2.17 所示为 5C 装置。

图 2.17　5C 装置

2.5.1 测量原理

5C装置主要由触发模块、高清成像模块、环境光照补偿模块、车号识别模块组成,采用高速摄像技术、图像自动识别技术和无线数字网络技术,采集受电弓滑板区域图像,实时分析受电弓滑板状态,发送缺陷报警信息。图2.18所示为5C装置检测系统架构。

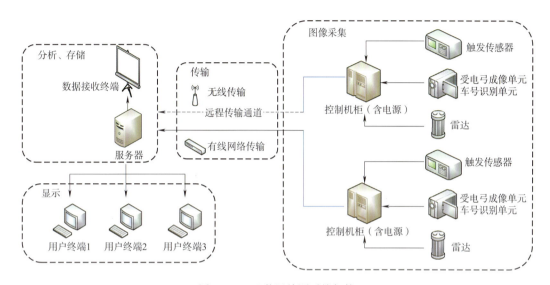

图2.18 5C装置检测系统架构

2.5.2 检测数据及分析方法

5C装置检测数据主要包含受电弓滑板、车号高清图像数据。图2.19所示为5C装置检测数据。

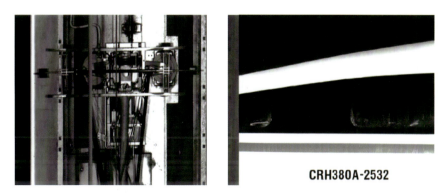

图2.19 5C装置检测数据

依据5C装置检测数据应用场景不同,采用基于智能识别的自动报警数据分析法和基于历史数据的全程监测数据分析法分别对受电弓单次报警信息和多次变化过程进行分析,及时发现故障受电弓和快速定位接触网缺陷区段。

2.6 接触网地面监测装置

6C装置是安装在接触网特定位置及变电所等处,用于监测接触网张力、振动、抬升量、线索温度、补偿位移、供电设备的绝缘状态、电缆头温度等参数的设备,监测结果用于指导接触网及供电设备的维修。检测周期为实时或定期。图2.20所示为6C装置。

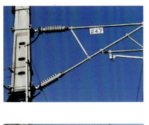  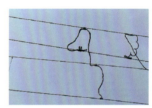

图2.20 6C装置

2.6.1 测量原理

绝缘子状态在线监测装置前端测量传感器主要由泄漏电流传感器和温湿度传感器组成,泄漏电流传感器检测接触网绝缘子泄漏电流数据,温湿度传感器采集相对应的环境温湿度信息。

张力补偿装置状态在线监测装置通过拉线传感器与张力补偿装置相连或通过激光传感器实时监测补偿装置的a、b值;通过在滑轮、棘轮制动装置上安装倾角传感器,实时监测制动装置倾角。

接触网电连接线夹状态在线监测装置采用接触式或非接触式测量方式,通过安装在电连接线夹的传感器测量电连接线夹温度、接触电阻,或通过红外相机测量电连接线夹温度。

接触网定位振动特性监测装置采用固定非接触式测量方式,通过相机成像获得受电弓通过时接触线抬升量的数据变化情况。

27.5 kV电缆绝缘状态在线监测装置由局部放电监测子系统、护层环流监测子系统和温度监测子系统三部分组成。局部放电监测子系统通过安装在电缆接头接地线上的电流传感器,获取局部放电电流数据;接地环流监测系统通过安装在电缆接头接地引出线或交叉互连线上的电流互感器,获取接地线上电流数据;温度监测子系统是采用固定安装于接头本体位置的温度传感器,对电缆接头本体温度进行实时监测。

接触网设备视频监控装置采用高清夜视摄像机对接触网关键设备及其外部环境进行视频图像采集,可通过云台控制成像位置。图2.21所示为6C装置检测系统架构。

第2章　6C系统检测监测数据

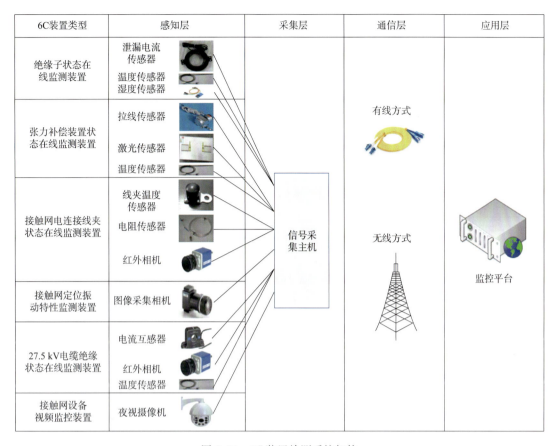

图 2.21　6C 装置检测系统架构

2.6.2　检测数据及分析方法

绝缘子状态在线监测装置检测数据为泄漏电流、环境温度及湿度气象参数，通过检测数据反映绝缘子污秽程度，泄漏电流数据超出设置阈值时自动报警。图 2.22 所示为绝缘子状态在线监测装置检测数据。

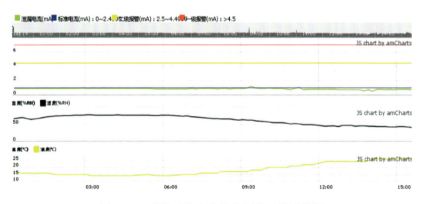

图 2.22　绝缘子状态在线监测装置检测数据

张力补偿装置状态在线监测装置检测数据为补偿装置 a、b 值、安装倾角及环境温度,当 a、b 值或倾角超过设定阈值时自动报警,实时判断接触网断线故障并报警。图 2.23 所示为张力补偿装置状态在线监测装置检测数据。

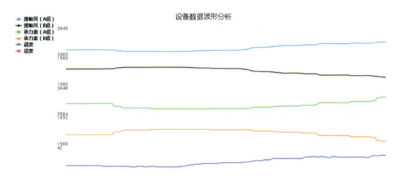

图 2.23 张力补偿装置状态在线监测装置检测数据

接触网电连接线夹状态在线监测装置检测数据为电连接线夹温度或接触电阻,反映主导电回路电连接线夹工作状态,当温度或接触电阻超过设定阈值时自动报警。图 2.24 所示为接触网电连接线夹状态在线监测装置检测数据。

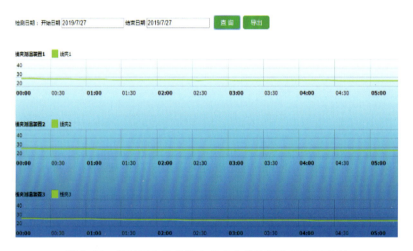

图 2.24 接触网电连接线夹状态在线监测装置检测数据

接触网定位振动特性监测装置检测数据为接触线振动幅值,反映受电弓通过时接触线振幅与时间的关系,依据振动峰值数据判断定位点振动特性是否异常。图 2.25 所示为接触网定位振动特性监测装置检测数据。

27.5 kV 电缆绝缘状态在线监测装置检测数据为外护层接地环形电流、电缆终端局部放电电流和电缆终端温度数据,依据检测数据判断电缆和接头的绝缘水平及老化程度。图 2.26 所示为 27.5 kV 电缆绝缘状态在线监测装置检测数据。

接触网设备视频监控装置检测数据为接触网关键处所和关键设备的运行状态及外部环境视频,重点监控车辆通过时弓网运行状态及影响接触网安全运行的外部环境。图 2.27 所示为接触网设备视频监控装置视频数据。

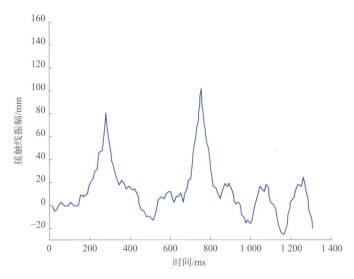

图 2.25 接触网定位振动特性监测装置检测数据

图 2.26 27.5 kV 电缆绝缘状态在线监测装置检测数据

图 2.27 接触网设备视频监控装置视频数据

6C装置类型多样,检测数据复杂,依据类型不同,主要采用阈值分析、趋势分析、数据融合分析、数据统计分析等方法进行分析。

第 3 章　1C 装置检测数据分析

1C 装置包括安装在高速综合检测列车上的高速 1C 装置和安装在接触网检测车、检修作业车或其他专用轨道车辆上的普速 1C 装置。1C 装置主要通过检测受电弓在实际运行中与接触网的匹配程度，发现接触网维护中存在的设备隐患；采用多次检测数据的对比分析，发现接触网设备的变化趋势，指导接触网养护维修。1C 装置检测数据包括波形、报表等数值类数据和视频图像类数据，高速 1C 装置检测周期为 15 天，普速 1C 装置检测周期为 3 个月。

3.1　分析依据

3.1.1　局部缺陷诊断

局部缺陷诊断通过对接触网各类检测参数检测值与缺陷阈值进行比较，发现"局部"或"点"的问题，诊断设备缺陷、消除安全隐患、辅助接触网维修，是接触网质量评价中不可或缺的一部分。局部缺陷诊断的参数包括接触网动态几何参数、接触线平顺性参数和弓网受流参数。

接触网动态几何参数缺陷诊断主要用于评价接触网设计、施工及维护质量，以动态拉出值、动态接触线高度检测值为依据，判断接触网的动态几何参数是否满足弓网运行安全要求。接触线平顺性参数缺陷诊断主要以硬点、一跨内接触线高差检测值为依据，判断接触网是否满足接触线平顺性要求；弓网受流参数缺陷诊断主要以弓网接触力（最大值、最小值、平均值、标准偏差）、燃弧（最大燃弧时间、燃弧率、燃弧次数）、定位点处接触线抬升量检测值为依据，判断弓网受流性能是否满足正常取流要求。局部缺陷诊断阈值主要依据动态检测评价方法中对各检测参数的规定值。

3.1.2　综合状态评价

综合状态评价通过综合评价指标对接触网质量状态进行定量描述，关注"区段"或"单元"的状态，掌握设备整体情况、跟踪设备变化趋势、为预防性维修提供数据支持。综合状态评价主要通过接触网优良率、合格率，接触网动态性能指数（CDI）进行描述。

1. 接触网优良率、合格率

接触网优良率、合格率以接触网动态几何参数、接触线平顺性参数、弓网受流参数检测数据为依据，对接触网的区段质量进行综合评价，反映接触网设备动态运行功能和管理质量。

接触网动态几何参数、接触线平顺性参数、弓网受流参数等各项检测参数的扣分标准以及优良率、合格率、不合格率计算方法见动态检测评价方法。

2. 接触网动态性能指数（CDI）

接触网检测系统的原始检测数据检测项目较多，且多个检测项目之间具有较高的相关性，以原始检测数据为基础，采用相关性分析和决策树算法，以拉出值、接触线高度、弓网接触力和燃弧时间四个检测项目对弓网动态作用关系和受流质量的影响程度,构建评价函数模型,得出反映接触网动态性能的综合指标,即接触网动态性能指数(CDI)。其取值范围为0~10,无量纲。

接触网动态性能评价方法按照接触网的固有结构划分评价单元。基本评价单元为一个锚段,或一个关节式电分相,或一个线岔等。通过对动态拉出值、动态接触线高度、弓网接触力、燃弧率的测量值进行计算,综合评价接触网动态性能。结合接触网专业的管理思路,采用Logsig函数构建各检测项目的评价函数,并设评价结果为零表示该项目反映的接触网动态性能处于理想状态,评价结果越靠近10表示该项目反映的接触网动态性能偏离理想值的程度越大。不同评价结果所代表的接触网动态性能见表3.1。

表3.1 单项评价参数评价结果所反映的接触网动态性能

评价结果	[0,2)	[2,4)	[4,6)	[6,8)	[8,10]
评价函数	优良	尚可	关注	较差	差

各分量评价函数及CDI计算公式见《动态检测评价方法》。

高速铁路与普速铁路CDI管理值见表3.2。

表3.2 CDI管理值

线路速度等级	CDI管理值
300~350 km/h	1.8
200~250 km/h	2.0
200 km/h以下	2.0

3.2 分析方法

接触网动态检测获得的数据繁多,需经由专业化的数据分析和处理,才能最终形成可用数据,因此,数据分析的方法非常重要,高效、精确的分析不仅能够帮助运营维修单位及时排除设备安全隐患,准确掌握接触网状态及变化趋势,还可以作为辅助维修决策、合理调配维修资源的依据。

结合行业管理特点、接触网动态检测数据特征及流程化管理方式,采用阈值管理、图像辅助、重复对比、图形化、数据综合、数据融合等方法开展局部缺陷诊断与综合状态评价分析,达到全面、科学、合理地反映接触网状态质量的目的。实际运用可将几种分析方法结合使用,分析结果更佳,接触网动态检测数据分析方法及流程如图3.1所示。

3.2.1 数据特征

接触网动态检测数据主要以wave格式波形呈现,目前多利用"接触网波形分析软件"进行数据显示及对比分析。

接触网动态检测数据波形分析系统软件界面如图3.2所示。主要展示以下内容:

当前波形文件名:显示当前打开的波形文件名称,包括检测日期、线路名称、行别、局别、列车运行方向、检测受电弓等信息。

历史波形文件名:显示打开的历史波形文件名称,历史波形文件与当前打开的波形文件进行对比,以比较接触网各检测参数的变化。

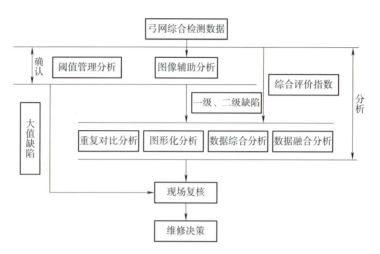

图 3.1　接触网动态检测数据分析方法及流程

支柱标识：图中所示的垂直虚线，在接触网支柱处显示。

当前波形：提供当前各检测通道检测值波形显示。

历史波形：提供历史波形各检测通道检测值波形显示，为与当前波形进行区分，历史检测波形以灰色显示。

吊弦标识：吊弦标识显示在接触线高度波形上，以小竖线的形式显示。在检测接触网有吊弦的地方进行相应位置的吊弦显示。

当前公里标：当前检测数据的里程信息，每 100 m 进行数字标记，每 10 m 用小刻度显示。

历史公里标：历史检测数据的里程信息，为与当前公里标进行区分，历史公里标以灰色显示。

数据窗口：显示当前鼠标指向位置检测结果信息。

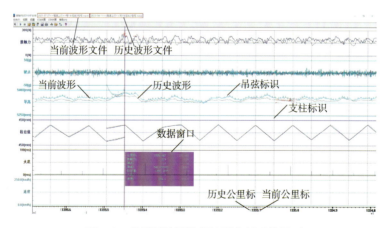

图 3.2　接触网检测数据波形分析系统界面

3.2.1.1　典型数据特征

接触网结构、设备、线索、零部件包括的形式、种类很多，1C 装置涉及接触网支柱、吊弦、锚段、锚段关节、分相、分段(分相)绝缘器、线岔等结构或设备,以不同的接触网要素特征展现在wave 格式波形数据中。

1. 支柱和吊弦

支柱(波形图上也指定位点)是接触网的主要支撑设备,吊弦是接触悬挂的重要部件。支柱、吊弦将接触导线分隔成独立的单元。

支柱及吊弦波形特征如图 3.3 所示。竖直方向贯通各通道的虚线即代表支柱位置。支柱是接触网结构在检测波形图上的重要特征,对支柱的准确识别有助于快速定位缺陷所在位置。图中接触线高度曲线上方的小竖线代表吊弦,该标识同样可以起到辅助快速定位的作用。

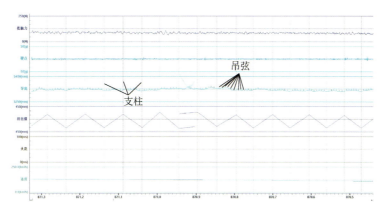

图 3.3 支柱(定位点)及吊弦波形示意

2. 曲线

轨道线路有直线和曲线两种形式,接触网沿轨道线路架设,接触网设备位于直线或曲线时存在不同的结构特性和弓网运行特性。

曲线波形特征如图 3.4 所示。检测波形将处于直线和曲线的接触线走向放在同一直线坐标进行呈现,曲线段拉出值在检测波形图上表现为弧形,正确识别直线段或曲线段位置有助于缺陷诊断、辅助分析缺陷成因。

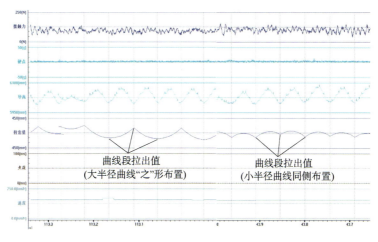

图 3.4 曲线波形

3. 锚段

锚段是接触网的基本单元,一个锚段包括若干个跨、一个中心锚结、两端下锚装置以及与相邻锚段衔接的锚段关节。

典型锚段波形特征如图 3.5 所示。锚段的长度取决于接触网的实际工作环境和接触网的机械特性。锚段识别在接触网数据分析中具有重要作用。

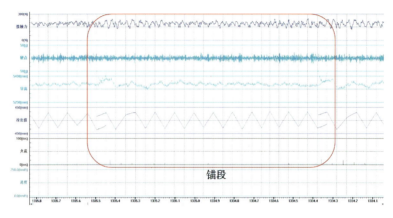

图 3.5　锚段波形

4. 锚段关节

锚段关节是锚段与锚段之间的衔接部分,根据锚段关节所含跨数,锚段关节可分为三跨、四跨、五跨等结构形式。根据锚段与锚段之间的电气关系,锚段关节可分为绝缘锚段关节和非绝缘锚段关节。

(1)三跨锚段关节

典型三跨锚段关节检测波形如图 3.6 所示。三跨锚段关节为非绝缘形式,其等高点在两转换柱跨中。1C 装置检测数据呈现的三跨锚段关节双支接触线区域主要在两转换柱之间。因此,在分析查找位置时,可以首先由等高点位置确定两转换柱,然后结合锚段关节特性外推,找到锚柱位置。通过数值窗口,能够看到双支接触线的垂直距离与水平距离,水平距离一般为 200 mm。

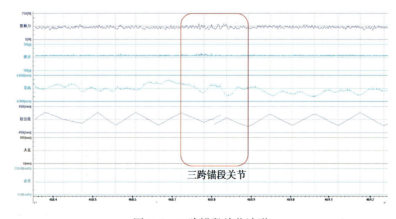

图 3.6　三跨锚段关节波形

(2) 四跨锚段关节

典型四跨锚段关节检测波形如图 3.7、图 3.8 所示。四跨锚段关节分为绝缘(接触线间距 500 mm)和非绝缘(接触线间距 200 mm 或 500 mm)两种形式,其等高点均在中心柱定位点处。1C 装置检测数据呈现的四跨锚段关节双支接触线区域主要在中心柱附近。因此,在进行分析查找位置时,可以首先由等高点位置确定中心柱,然后结合锚段关节特性外推,找到锚柱和转换柱位置。通过数值窗口,能够看到双支接触线的垂直距离与水平距离,由其水平距离之差(拉出值差值)能够确定两接触线间距,对于两接触线间距为 500 mm 的四跨锚段关节需结合其实际安装位置判断是否为绝缘关节。

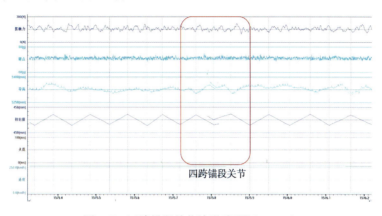

图 3.7　四跨锚段关节波形(间距 200 mm)

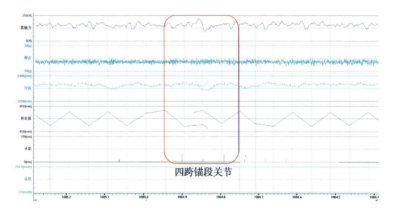

图 3.8　四跨锚段关节波形(间距 500 mm)

(3) 五跨锚段关节

典型五跨锚段关节检测波形如图 3.9、图 3.10 所示。五跨锚段关节同样分为绝缘(接触线间距 500 mm)和非绝缘(接触线间距 200 mm 或 500 mm)两种形式,其等高点位于内侧两转换柱跨中。1C 装置检测数据呈现的五跨锚段关节双支接触线区域主要在内侧两转换柱之间。中心柱位置及是否为绝缘关节的确定方法参照四跨锚段关节。

5. 关节式电分相

接触网电分相一般设置在牵引变电所和分区所出口、两供电臂交界处。绝缘锚段关节式电分相,由三跨、四跨、五跨绝缘锚段关节的不同组合形式构成,常用电分相结构主要有六跨、

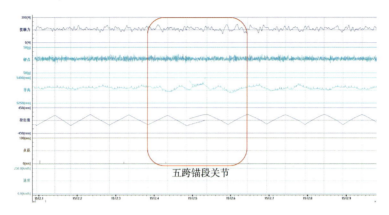

图 3.9　五跨锚段关节波形(间距 200 mm)

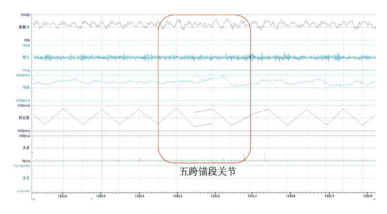

图 3.10　五跨锚段关节波形(间距 500 mm)

七跨、八跨、九跨、十一跨、十二跨、十三跨。根据电分相结构的断口数量,可分为两断口和三断口两种形式。关节式电分相结构形式多样,各种结构在实际工程中均有应用。

典型六跨、七跨、八跨、十一跨、十三跨关节式电分相结构波形分别如图 3.11～图 3.15 所示。关节式电分相共同的特点是由两个独立的三跨、四跨或五跨绝缘锚段关节组合而成,其结构特征与四跨绝缘锚段关节相同,分析时可参照四跨绝缘锚段关节。

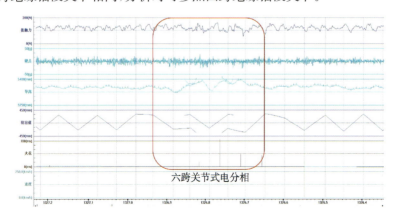

图 3.11　六跨关节式电分相波形

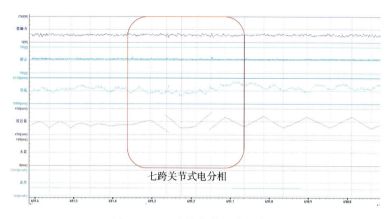

图 3.12 七跨关节式电分相波形

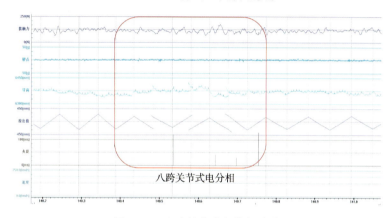

图 3.13 八跨关节式电分相波形

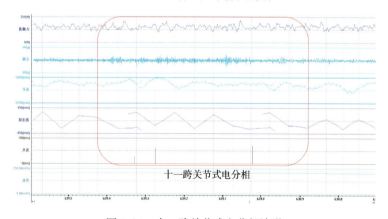

图 3.14 十一跨关节式电分相波形

6. 分段绝缘器

分段绝缘器主要用于车站货物线及有装卸作业的站线、机车整备线、车库线、专用线、同一车站不同车场之间的横向电气分段。

典型分段绝缘器检测波形如图 3.16 所示。根据分段绝缘器安装使用位置的典型性,常出现在车站、枢纽位置,检测波形显示弓网接触力和硬点数值在分段绝缘器位置波动明显。

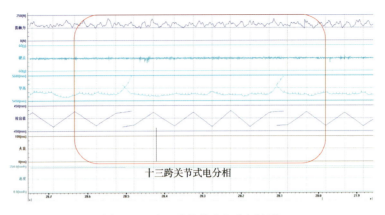

图 3.15　十三跨关节式电分相波形

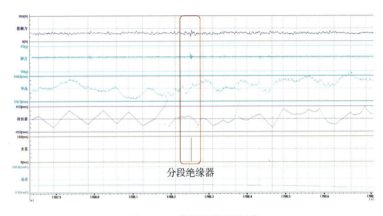

图 3.16　分段绝缘器波形

7. 分相绝缘器

分相绝缘器主要用于未升级改造的普速电气化铁路电分相位置，一般由 3～4 个分段绝缘器按标准距离串接安装。

典型分相绝缘器检测波形如图 3.17 所示。分相绝缘器结构特征与分段绝缘器相似，检测波形显示弓网接触力和硬点数值在分相绝缘器位置波动明显。

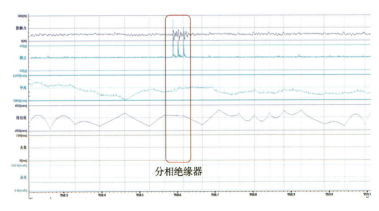

图 3.17　分相绝缘器波形

8. 交叉线岔

交叉线岔由两根交叉接触线、一根限制导杆及定位线夹等零件组成,主要用于普速铁路线岔和高速铁路侧线线岔。

典型交叉线岔检测波形如图 3.18 所示。通过交叉线岔时,受电弓从一支接触线过渡到另一支接触线,接触导线存在明显的交叉和转换的特点。

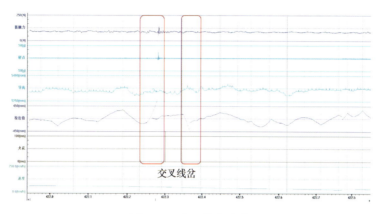

图 3.18　交叉线岔波形

9. 无交叉线岔

为改善受电弓高速通过线岔时的集流环境,使侧线接触悬挂不影响正线受电弓高速过岔,采用无交叉线岔,无交叉线岔分为带辅助锚段和不带辅助锚段两种形式。

典型不带辅助锚段无交叉线岔检测波形如图 3.19～图 3.20 所示。正线通过时,受电弓沿正线接触悬挂平滑通过线岔区域,与侧线接触悬挂不发生任何接触,1C 装置检测数据呈现出线岔区域侧线导线的分布状态并在波形数据中呈现。侧线通过时,接触中的导线从受电弓工作面向外、向上脱离受电弓,另一支导线从受电弓滑板导角处滑向受电弓工作面,两支导线无交叉。

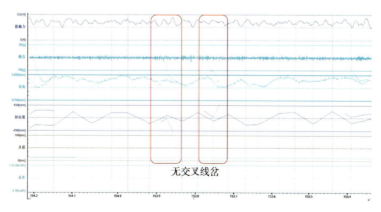

图 3.19　不带辅助锚段无交叉线岔正线通过波形

典型带辅助锚段无交叉线岔检测波形如图 3.21～图 3.22 所示。正线、侧线通过,受电弓滑板均要与辅助锚段接触线接触,其特性和分析与锚段关节相似。

39

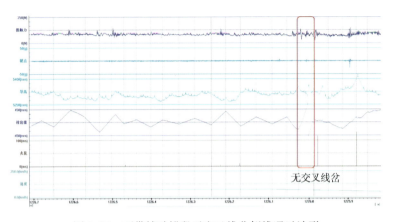

图 3.20　不带辅助锚段无交叉线岔侧线通过波形

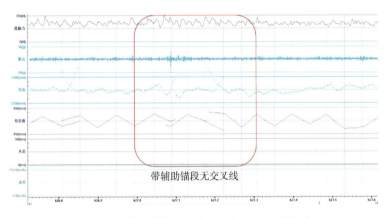

图 3.21　带辅助锚段无交叉线岔正线通过波形

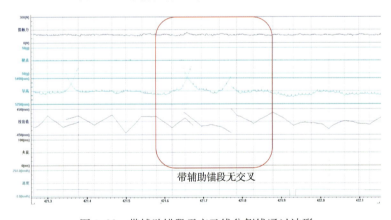

图 3.22　带辅助锚段无交叉线岔侧线通过波形

3.2.1.2　数据定位

接触网设备呈线状分布,点多线长,数据查找分析工作量大,同时接触网设备处于高空,某些数据的现场复核很难通过人眼轻易识别,因此检测数据的定位准确性非常重要。接触网动态检测数据通过里程定位以波形和报表数据的形式呈现,但实际检测过程中可能存在多种客观因素造成检测里程存在一定误差,给现场的整改维修造成查无数据的困惑或者需要花费大量的时间、人力才能找到准确的数据位置。

接触网中间支柱在波形数据文件中具有相同的特征,当需要查找的数据位于接触网锚段中间支柱位置时,可通过相邻特殊结构的波形数据特征进行定位,快速准确地找到位置。

1. 锚段关节

锚段关节具有中心柱、转换柱、锚柱等特殊结构,接触网锚段中间支柱位置的缺陷距离相邻锚段关节特殊结构的支柱数量是固定的,在波形数据文件中可直接展示出来,达到准确定位的目的。锚段关节定位缺陷位置如图 3.23 所示。

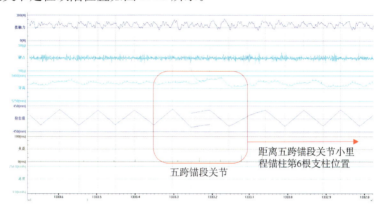

图 3.23　锚段关节定位缺陷位置

2. 中心锚结

中心锚结具有位置特殊性,波形数据文件中同样可直接展示缺陷距离中心锚结间隔的支柱数量,达到准确定位的目的。中心锚结定位缺陷位置如图 3.24 所示。

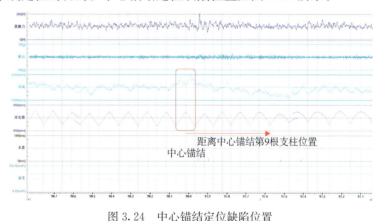

图 3.24　中心锚结定位缺陷位置

3.2.2　阈值管理分析

检测弓网间相互作用参数的目的是保证相关设备的安全运行,受流质量良好,确定各参数处于一个合理的范围,根据设备参数、性能要求、运行经验设置相应的管理阈值,达到或超出阈值判定为缺陷。接触网动态检测数据分析主要通过阈值判断的方式发现设备的局部缺陷,局部缺陷诊断的分析依据中明确规定了各参数的阈值标准,包括接触网几何参数(动态拉出值、动态接触线高度)、弓网受流参数(弓网接触力、燃弧)、接触线平顺性参数(硬点、一跨内接触线高差)等,并根据各参数达到不同数值时可能发生的不同危害程度分别设置了一级和二级阈值。

接触网动态检测数据阈值管理分析方法是按照阈值判断标准对各参数逐个比对,可在wave波形软件中设置各参数阈值刻度线,达到或超过刻度线的位置即判定为缺陷,实现局部缺陷诊断评价,如图3.25所示。通过阈值分析确定的缺陷均可由检测装置自动生成。局部缺陷诊断关注接触网"点"的缺陷,注重发现和消除接触网的安全隐患,如拉出值大值的诊断对保证受电弓安全运行及其重要。需要注意的是不同速度等级、不同设计参数的线路或线路区段缺陷阈值不同,检测数据中的干扰值和接触线非工作支数据需要进行甄别。

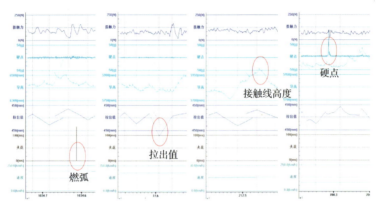

图3.25 接触网动态检测数据阈值管理分析典型案例

3.2.3 图像辅助分析

利用视频数据可对检测结果进行甄别,对检测出的缺陷类型、位置、危险程度、产生原因等进一步确认,图像辅助分析已成为判断接触网检测缺陷的重要手段。

图3.26所示为接触网动态检测出拉出值缺陷,通过图像可确认拉出值缺陷真实有效,同时可借助杆号确定缺陷位置、接触线在受电弓滑板上的位置确定拉出值大值影响弓网运行安全的危险程度,为运营单位及时提出维修决策、制定维修方案提供参考依据。

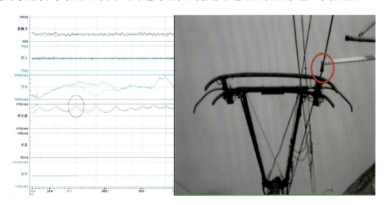

图3.26 图像辅助确认拉出值缺陷

图3.27所示为接触网动态检测出燃弧缺陷,接触网其他动态参数均显示正常,波形对比分析显示燃弧具有重复性,单从波形数据分析不能判断缺陷危险程度。通过图像辅助分析可直观地看到燃弧点,截取视频图像并放大可见燃弧位置接触线存在细微弯曲和磨耗不均,该位置长期运行存在断线风险,上线检查发现接触线存在明显硬弯,与图像辅助分析结果完全一致。

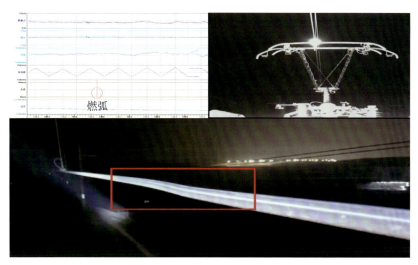

图 3.27 图像辅助确认硬点、燃弧缺陷

3.2.4 重复对比分析

若接触网设备质量未发生变化,理论上同一线路连续多次动态检测数据应相同,但实际情况中动态检测工作环境恶劣、检测运行速度受调度运输调控、不同型号受电弓存在固有特性差异、接触网的柔性特点等,会造成接触网动态检测数据存在一定差异。受外界影响较大或仅影响弓网受流品质的参数应结合多次检测数据的重复对比分析结果确定维修方案。

wave 波形分析软件可对三次检测数据进行可视化对比,如图 3.28 所示,亦可通过导出数据制成图表进行分析,如图 3.29 所示。对比时,需考虑不同受电弓型号、不同检测速度的情况,使比对符合客观事实,结果更加真实有效。对比分析短期内数据可反映接触网设备短时状态变化,判别局部缺陷诊断的有效性和评价维修效果;对比历史数据可反映接触网设备长期动态性能特征,总结设备状态变化规律和趋势,掌握接触网设备参数易发不良的线路、区段、时间及维修调整前后效果。

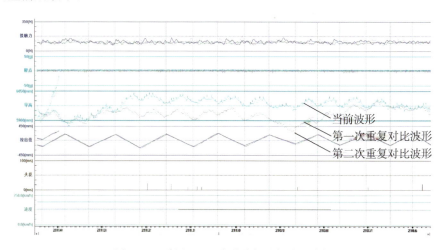

图 3.28 采用 wave 波形进行重复对比分析

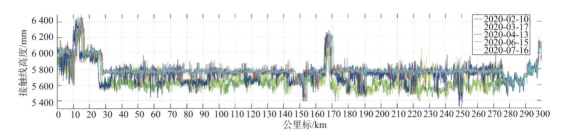

图 3.29 采用图表进行重复对比分析

3.2.5 图形化分析

图形化分析法同样是接触网动态检测数据分析的重要方式,将检测数据进行数字化数据处理,将数据转换成图形,相关趋势、变化更加直观。图形分析法包括形象图、趋势图、分布图、统计图等,图形方式有柱状图、饼图、曲线图、三维曲面图等,可反映各项参数的百分比、分布情况、重复性、变化趋势等。

图 3.30 所示为采用图形分析法展示某高铁线路接触网某锚段中心锚结位置接触线高度随时间的变化趋势,为掌握设备变化规律提供手段。

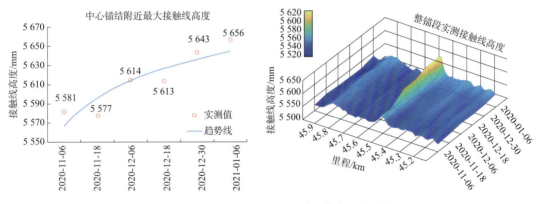

图 3.30 图形分析接触网动态检测数据变化趋势

图 3.31 所示为采用图形分析法展示某高铁线路接触网动态检测缺陷数量的逐年变化趋势,为评价设备管理质量提供参考依据。

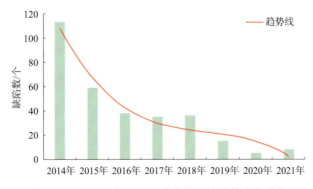

图 3.31 图形分析接触网动态检测缺陷数变化趋势

3.2.6 数据综合分析

接触网是由众多既独立又相互关联的设备形成的一个庞大系统,弓网关系复杂,对检测数据的局部或单一参数进行分析往往不能准确掌握设备的整体状态,无法对接触网的整体质量进行量化描述。同时,随着高速铁路的快速发展,依靠局部评价方式发现的缺陷越来越少,已无法满足指导养护维修的需求。为实现根据接触网实际状态实施预防性状态维修的目标,采用数据综合分析,通过动态拉出值、动态接触线高度、弓网接触力、燃弧率等,全面分析动态检测数据,构建接触网动态性能指数(CDI),评价弓网受流质量,掌握接触网动态性能变化趋势,为合理制定维修策略、分配维修资源提供依据。

图 3.32 所示为某高速铁路联调联试提速试验至 350 km/h 速度级时无交叉线岔检测波形图,无交叉线岔锚段单元 CDI 超过管理值,该锚段单元内弓网接触力、硬点、燃弧均出现明显波动,最大弓网接触力、燃弧时间达到一级缺陷,接触线抬升明显。该锚段单元为 1/42 道岔位置接触网带辅助锚段无交叉线岔,其接触网静态检测数据显示接触线平顺性良好,拉出值符合验收标准,300 km/h 及以下逐级提速接触网动态检测各项检测参数良好,但 300 km/h 以上速度级接触网动态检测各项参数呈逐渐增大,最大弓网接触力、燃弧时间、无交叉线岔辅助锚段接触线抬升量变化明显。查阅设计资料发现该线路正线接触网导线组合为 JTMH120+CTMH150,张力组合为 23 kN+28.5 kN,无交叉线岔辅助锚段导线组合为 JTMH120+CTMH150,张力组合为 15 kN+15 kN。受电弓通过带辅助锚段无交叉线岔时与辅助锚段接触,该线岔位置辅助锚段张力组合不满足受电弓 350 km/h 运行要求,因此出现静态参数、低速运行动态参数符合要求,但高速运行时动态参数超标的情况。将该无交叉线岔辅助锚段张力增加至正线锚段张力并调整相关参数后动态检测各项指标均符合要求。数据综合分析需要将接触网视为一个整体,分析设计参数、检测参数与设备状态之间内在联动、匹配状态等。

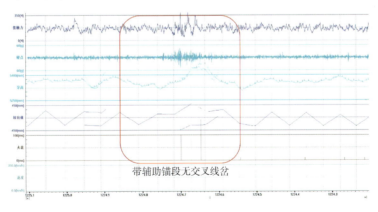

图 3.32 带辅助锚段无交叉线岔

3.2.7 数据融合分析

供电 6C 系统各检测装置的使用,完善了接触网设备检测监测手段。6C 系统各装置获取的检测监测数据相互独立,对分析接触网不同层面的状态均有重要价值,同时各检测装置数据间存在相互支撑、互为补充的关系,融合分析各装置的检测数据能更准确判断接触网设备状态、更深入掌握设备运行规律,提高检测数据的使用价值。1C装置检测周期性强、数据丰富,具备广泛的分析基础,动态运行参数侧面反映了接触网设备或处于不良状态,对6C系统其他各装置的数据分析起到支撑作用。1C装置与各其他检测装置的数据融合分析方法详见2C、3C、4C装置检测数据分析章节。

3.3 典型案例剖析

3.3.1 局部缺陷诊断典型案例

3.3.1.1 几何尺寸偏差

接触线空间几何位置参数主要包括接触线高度、接触线横向偏移(拉出值)、线岔和锚段关节处的双支接触线相对位置(水平间距和垂直高差)、接触线坡度等。

接触线空间几何位置需要在静态和动态两种情况下测量。在没有外界扰动(静态)的情况下获取的相对于轨平面的几何参数为静态参数;在与受电弓动态相互作用(动态)情况下获取的几何参数为动态参数,其中动态拉出值为相对于受电弓滑板中心线的横向偏移量。通常采用非接触式测量设备获取接触线的空间位置。

1. 拉出值

动态拉出值表征接触线在空间的布置,满足受电弓在正常范围内滑动取流,动态拉出值缺陷表现为检测拉出值超过管理阈值。拉出值缺陷成因多位于锚段关节、线岔、小曲线半径等支柱位置,设计在做施工图校核时将拉出值设置较大,施工或维修后超出允许误差范围,或者曲线上运行的电力机车速度未达到设计速度,车体及受电弓在重力作用下向曲线内侧倾斜造成拉出值偏差过大,也可能在发生支柱基础移位、定位器脱落时拉出值变化较大,甚至超出管理阈值。拉出值缺陷可能导致滑动接触运行过程中接触线滑到受电弓工作范围之外,在线岔和锚段关节处受电弓钻到工作支和非工作支接触线之间。拉出值设置不合理还可能导致碳滑板磨损不均、弓角滑痕等损害。

图3.33所示为某普速铁路季度检测数据按阈值管理分析发现小半径曲线位置动态拉出值连续二级缺陷。

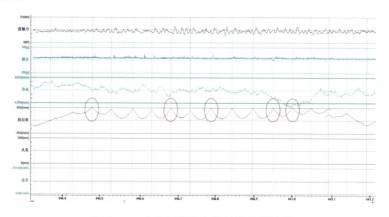

图3.33 曲线区段拉出值缺陷检测波形

该处线路为小半径曲线区段,设计拉出值均为 400 mm,且位于某车站出站位置,经停该车站的电力机车通过该曲线区段时车速未能达到设计速度,车体在重力作用下向曲线内侧倾斜,受电弓中心线随列车车体向曲线内侧偏离线路中心线,造成动态拉出值偏大,图像辅助分析确认该区段拉出值检测数据真实有效,如图 3.34 所示。维修整治应将该曲线区段支柱定位点拉出值调整减小,同时校核跨中拉出值是否满足行车安全要求。

图 3.34　曲线区段拉出值缺陷图像

图 3.35 所示为阈值管理分析发现的某高速铁路拉出值一级缺陷。

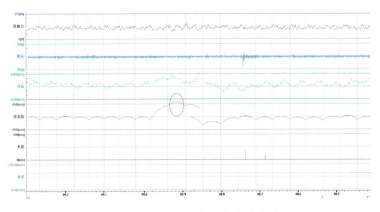

图 3.35　跨中拉出值缺陷检测波形

结合波形数据分析该拉出值为曲线段跨中拉出值缺陷,位于五跨锚段关节内转换柱与外转换柱之间,设计校验和施工质量控制均只考虑了支柱定位点拉出值的控制要求,未校核曲线跨中拉出值情况。图像辅助分析如图 3.36 所示,工作支接触线已接触到受电弓滑板导角,安全风险较大,该案例图像辅助分析需要正确区分关节位置工作支和非工作支接触线。

维修整治时需同时调整拉出值超限锚段所在内外转换柱承力索座和定位支座的安装位置,两定位点拉出值向线路中心方向移动,使跨中接触线向线路中心移动距离大于检测缺陷值减去 450 mm,同时调整关节内另一锚段接触线和承力索相对位置,保证工作支和非工作支水平和垂直间距均满足要求,如果原腕臂不满足调整需要,需预配安装新腕臂。

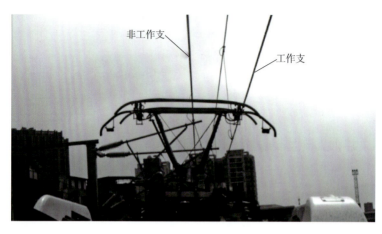

图 3.36　曲线段跨中拉出值缺陷图像

2. 接触线高度

动态接触线高度缺陷表现为检测处接触线高度超出管理阈值,或超过受电弓允许的最大高度,或低于线路允许的最小高度。动态接触线高度缺陷成因一般是施工、维修不满足验收标准或轨道线路平面发生变化所致,当腕臂装置发生移位时也可能引起接触线高度的变化。接触线高度缺陷可能导致弓网接触力过大,加剧接触线磨耗和碳滑板磨耗;或弓网接触线压力过小,产生离线燃弧并加剧接触线电腐蚀;或影响接触线平顺性,进而影响弓网关系和受流性能。

图 3.37 所示为阈值管理分析发现的某普速铁路接触线最大高度一级缺陷。

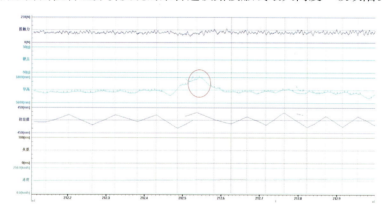

图 3.37　接触线最大高度缺陷检测波形

结合波形数据可知此处为三跨锚段关节,为典型的转换柱接触线高度施工不满足验收标准要求,定位点接触线设计高度为 5 750 mm,实际测量值为 5 948 mm,大于设计值 198 mm,该位置动态检测接触线高度最大 6 006 mm,达到动态接触线高度一级缺陷。

维修整治时需对锚段关节转换柱接触线高度进行调整,调整中心柱两根腕臂上套管双耳在平腕臂上的安装位置,使定位点接触网高度整体降低至适当位置,更换跨内吊弦,调整定位器坡度及锚段关节内接触网相关参数。

图 3.38 所示为阈值管理分析发现某高速铁路最小弓网接触力一级缺陷。

现场复核发现弓网接触力缺陷位置为中心锚结,接触线中心锚结绳安装过紧,接触线中心

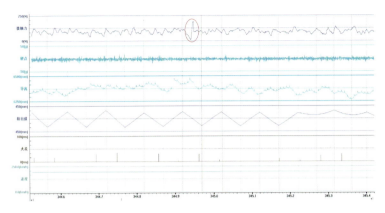

图 3.38　最小弓网接触力缺陷检测波形

锚结线夹处接触线负弛度超过规定要求,属于典型的接触线高度的突变导致弓网接触力瞬间出现较大变化,且中心锚结的结构和受力特性决定该位置易于出现接触线高度突变,充分说明接触网静态几何参数是决定弓网动态性能的基础。

维修整治时需打开接触线中心锚结绳安装位置的承力索中心锚结线夹,调整接触线中心锚结绳安装弛度至适当位置后按标准重新紧固承力索中心锚结线夹,调整相邻吊弦位置接触线高度,使接触线中心锚结线夹位置接触线负弛度符合标准要求。

3. 综合安装参数

图 3.39 所示为阈值管理分析发现某高速铁路最小弓网接触力一级缺陷。

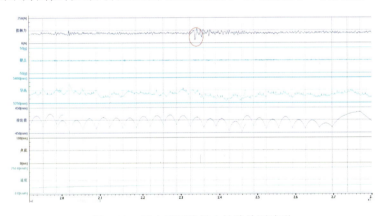

图 3.39　最小弓网接触力缺陷检测波形

缺陷位置有燃弧现象,定位点接触线高度与相邻吊弦呈 V 形,为接触网验收标准中不得出现的状态,同样属于典型的接触线高度突变导致弓网接触力瞬间出现较大变化。现场复核发现缺陷位置为明挖隧道内,隧道拱顶有横梁,为满足承力索与拱顶横梁的绝缘距离,接触悬挂采用了降低结构高度的安装方式,定位点接触线高度静态测量值 5 287 mm,跨中最短吊弦 550 mm。检查发现弓型定位器坡度不够,定位器根部与定位支座摩擦,定位器无抬升裕量引起弓网接触力缺陷。现场复核图像如图 3.40 所示。

维修整治时为保证承力索与隧道横梁间绝缘距离,跨中吊弦已达到最短要求,因此向上抬升承力索或接触线均不能实现。该位置距离末端车站 2 km,列车通过速度不超过 80 km/h,

图 3.40　定位器根部与定位支座摩擦图像

接触线动态抬升量不超过 30 mm,通过更换定位点附近吊弦,消除 V 形缺陷,并使定位点接触线高度降低 30 mm,增大弓型定位器坡度,满足定位点接触线动态抬升需求。

3.3.1.2　接触线不平顺

1. 硬点

硬点是接触悬挂不均质状态的统称。接触悬挂或接触线上的某些部分,如跨距两端的定位点处弹性变差或有附加重量时,受电弓高速运行时,这些部分都会出现不正常升高(或降低),甚至出现撞弓、碰弓现象,也就是说在这些部位会出现力或加速度的突然变化。所以,硬点是一种结构的本征欠缺,并且是相对的,越是高速时,表现越明显。硬点是一种有害的物理现象,主要表现在三个方面:一是加快导线和受电弓滑板的异常磨耗和撞击性损害,造成受电弓损伤或断线;二是破坏弓网间的正常接触和受流,常在这些部位造成燃弧,烧伤受电弓滑板和接触线表面,对机车电气系统及供电系统造成伤害。

图 3.41 所示为阈值管理分析发现某普速线路硬点一级缺陷。

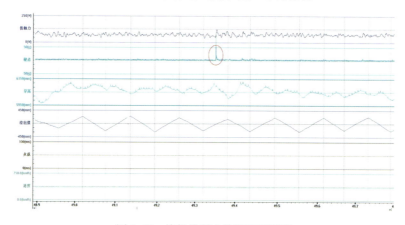

图 3.41　接触线硬点缺陷检测波形

设计平面图和图像辅助确认该缺陷位于中心锚结位置,现场复核发现中心锚结线夹处接触线有硬弯,接触线中心锚结绳相邻吊弦不受力。接触线中心锚结绳安装过紧,持续运行后中心锚结线夹位置接触线发生形变成硬弯,长期运行后该位置接触线磨耗加大,有断线风险。

维修整治时拆开接触线中心锚结绳和接触线吊弦线夹,采用正弯器对接触线进行校正,重新按标准安装接触线中心锚结绳和接触线吊弦线夹。现场复核图像如图 3.42 所示。

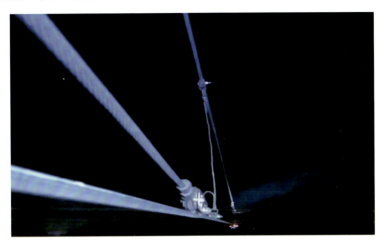

图 3.42　接触线硬弯缺陷图像

图 3.43 所示为某高速铁路联调联试期间检测出硬点二级缺陷。

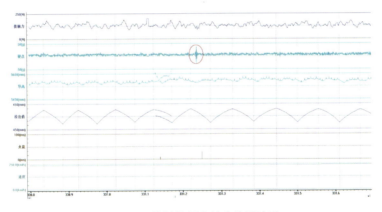

图 3.43　接触线硬点缺陷检测波形

采用阈值管理分析该高速铁路动态检测数据存在多处硬点二级缺陷,现场排查均为电连接安装位置接触线硬弯,最终确认为压接电连接线夹时采用的压接磨具与线夹型号不匹配,造成接触导线硬弯。

维修整治时对全线的电连接位置进行排查,存在硬弯的全部进行整治,拆除电连接,采用接触线正弯器对接触导线进行整正,重新选择适当位置按标准压接安装电连接。该缺陷反映出首件工程质量验收的重要性,通过首件工程选择正确的工机具、制定统一的工艺标准、控制安装质量等,对根除不良工艺手法造成缺陷具有重要作用。现场复核图像如图 3.44 所示。

图 3.44　接触线硬弯缺陷图像

图 3.45 所示为某高速铁路联调联试逐级提速至 280 km/h 以上时,检测出个别锚段出现整锚段硬点偏大,并伴随整锚段燃弧现象。初步判断缺陷原因为接触线在架设时未采用恒张力架线或架设过程中张力控制不均,接触线的蠕变未得到充分释放。

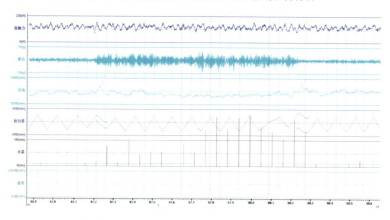

图 3.45　整锚段硬点及燃弧缺陷检测波形

维修整治时解开锚段内除中心锚结位置的所有定位和吊弦,接触线采用 S 钩加尼龙放线滑轮悬挂,S 钩的设置应均匀,每跨宜不少于 5 根,且依据不同位置设置长度适宜的 S 钩,使接触线顺线路方向保持平直,采用接触线正弯器自中心锚结向两端下锚方向平推整治,接触线蠕变得到充分释放,可有效消除整锚段硬点和燃弧缺陷。图 3.46 所示为整锚段硬点和燃弧缺陷经接触线正弯器平推整治前后波形对比。

2. 一跨内接触线高差

一跨内接触线高差缺陷表现为一跨内接触线高度变化剧烈,最高点与最低点差值超过管理阈值,表征接触线平顺性差。成因多为接触线高度施工超出验收标准,或受限于外部构建物的高度接触线需要顺坡时坡度过大,或两段接触线设计高度不同,接触线顺坡区段坡度过大。

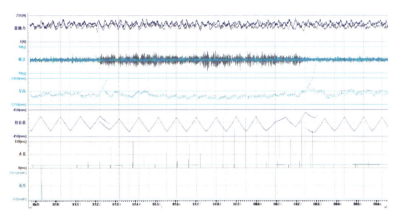

图 3.46　更换接触线后波形对比

一跨内接触线高差过大影响弓网受流,同样可能对受电弓造成撞击性损害,减少接触线使用寿命。

图 3.47 所示为阈值管理分析发现某高速铁路联调联试一跨内接触线高差一级缺陷。

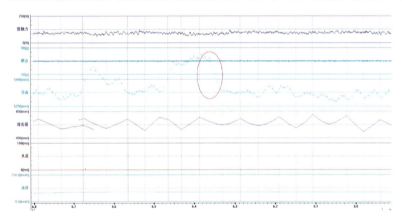

图 3.47　一跨内接触线高差缺陷检测波形

现场复核发现该位置为区间中间柱,连续两个中间柱上下腕臂底座安装孔错误,造成接触线高度比设计高度高 200 mm 左右,与相邻定位点接触线高差达到一级缺陷,影响接触线动态性能。

维修整治时同时降低上下底座安装孔至适当位置,测量接触线高度,如仍不满足接触线高度标准,继续调整套管双耳(旋转双耳)在平腕臂上的安装位置,使接触线高度满足标准要求。

图 3.48 所示为阈值管理分析发现某高速铁路一跨内接触线高差一级缺陷。

现场核对为既有车站进站岔区上跨桥净空受限,接触网设计降高通过。上跨桥两端接触线高度以顺坡方式逐渐降低,缺陷位置所在跨接触线坡度过大,一跨内接触线高差达到一级缺陷,影响接触线动态性能。

维修整治时通过测量相邻跨两定位点接触线高度,计算一跨内接触线高差,在确保相邻跨一跨内接触线高差满足顺坡标准的前提下调整跨内一个或两个定位点接触线高度。如果调整本跨内两定位点接触线高度不能满足顺坡标准,则需要连续调整相邻的多个定位点。

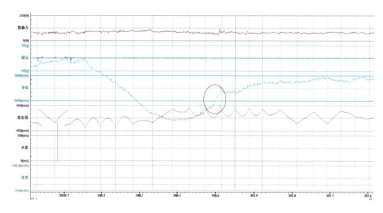

图 3.48　一跨内接触线高差缺陷检测波形

3. 弓网接触力

弓网接触力缺陷表现为弓网接触力过大或过小，表征弓网受流性能。弓网接触力缺陷对应接触网设备主要集中在接触网高度急剧变化点和集中负载位置，如锚段关节、线岔处存在接触线高度变化的位置，器件式分相绝缘器、分段绝缘器、中心锚结、电连接等存在集中负载的位置。接触线存在硬弯、扭面时，弓网接触力会出现明显波动；锚段内导线张力发生变化，也会引起弓网接触力异常。评价弓网关系是否优良，要求弓网接触力既不能过高，也不能过低。图3.49所示为阈值管理分析发现的高速铁路弓网接触力一级缺陷。

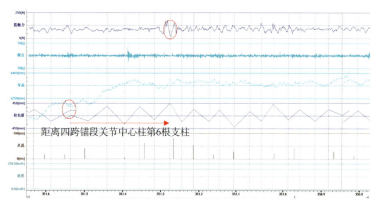

图 3.49　弓网接触力缺陷检测波形

结合波形数据和设计平面图分析，缺陷位置接触网结构特征相对复杂，位于接触线高度设计变坡区段末端，且处于无交叉线岔位置，采用波形数据特征定位缺陷位置见图3.49。无交叉线岔位置接触网结构相对特殊，有弓型定位器、电连接等设备，采用多源数据融合分析引发弓网接触力异常的原因。对比联调联试动态检测数据及开通运营的历次数据发现，该位置存在弓网接触力波动较大，并有燃弧现象，检测数据稳定，联调联试静态检测数据显示弓网接触力缺陷位置接触线高度存在超标但未整治，数据分析初步确定为接触线高度不平顺引起弓网动态性能不良。

维修整治时通过天窗点内测量定位点和吊弦点静态接触线高度，无交叉线岔位置接触线相邻吊弦高差超标，更换高差超过标准的吊弦，按标准调整无交叉线岔区段内接触网相关参数。数据及整治后波动对比如图3.50所示。

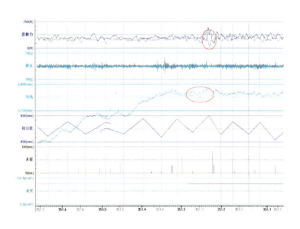

	支柱(或悬挂点)号	标准值		实测值			
		拉出值/mm	接触线高度/mm	拉出值/mm 定位点	接触线高度/mm		
					定位点	吊弦点	
整治前	116-2			196	6309	6304	6317	6314
	118-2			194	6316	6310	6308	6314
	120-2			207	6313	6311	6311	6315	6313
	122-2工			213	6315	6311	6303	6308
	122-2非			—	6648	6532	6459	6427
	126-2工			414	6325	6300	6295	6292	6288
	126-2侧			1063	6414	6392	6366	6349	6324	6313
	128工			153	6302	6301	6304	6307	6310	6313
	128侧			106	6327	6302	6282
	130			300	6313
整治后	116-2			196	6309	6304	6317	6314
	118-2			194	6316	6310	6308	6314
	120-2			207	6313	6311	6311	6315
	122-2工			213	6315	6311	6303	6308
	122-2非			—	6648	6532	6459	6427
	126-2工			414	6329	6322	6317	6310	6315
	126-2侧			1063	6414	6392	6366	6349	6324	6313
	128工			153	6302	6301	6304	6307	6310	6313
	128侧			106	6327	6302	6282
	130			300	6313

图 3.50　弓网接触力缺陷整治前后对比

图 3.51 所示为某高速铁路动态检测锚段单元波形图。该高速铁路为有砟轨道，自开通以来接触网设备状态整体稳定，但随着运营周期的延长，接触网、轨道等相关设备维修，接触网动态性能逐渐降低，单元 CDI 超出管理值的区段逐渐增多。图 3.51 所示接触网各动态检测参数按照阈值管理分析均没有达到一级缺陷，但弓网接触力波动较大导致弓网接触力分量（CDI_F）分量较大，造成弓网接触力波动较大的原因是接触线平顺性较差。

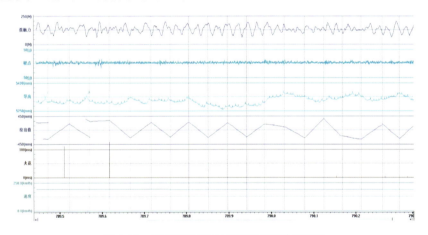

图 3.51　某高速铁路动态检测锚段单元波形

按照《高速铁路接触网精测精修实施办法》（铁总运 363 号）（以下简称精测精修实施办法）的规定，设备管理单位对该高速铁路接触网状态进行整治，对接触线平顺性进行全面调整。图 3.52 所示为该高速铁路接触网三级修后波形对比，接触线平顺性和弓网接触力波动显著改善，单元 CDI 降低到管理值以下。

4．燃弧

燃弧缺陷表现为燃弧数据超过阈值，表征弓网匹配关系和接触网受流质量。燃弧缺陷对应接触网设备主要出现在接触网高度急剧变化和集中负载位置，如器件式分相绝缘器、分段绝缘器、中心锚结、电连接等位置。接触线存在硬弯、扭面时，燃弧会有明显响应；恒张力放线时

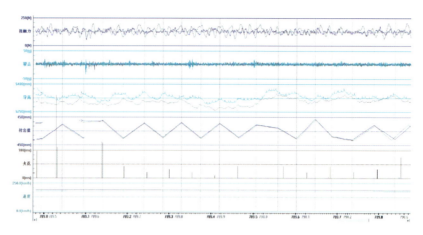

图 3.52 接触网三级修前后波形对比

接触线蠕变未得到释放,受电弓高速运行时将会引起整锚段燃弧异常。燃弧与硬点具有较大的相关性,燃弧的分析需要结合接触网的结构进行,综合考虑弓网接触力、硬点数据、弓网视频以及天气等,电分相位置由于接触网结构和电气特性存在固有的正常燃弧,如果接触网结构正常,电气燃弧不认为是缺陷问题,应予以甄别;当检测遇霜冻、冻雨,导线覆冰,大风天导线舞动,或遇强降雨时,燃弧数据仅做参考。

图 3.53 所示为阈值管理分析发现某高速铁路区间中间柱连续燃弧一级缺陷。

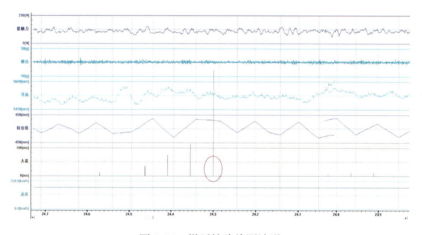

图 3.53 燃弧缺陷检测波形

波形数据分析发现,燃弧位置及相邻前几跨接触线存在明显波动,接触线不平顺引起受电弓抖动,弓网动态接触不良或离线产生燃弧。

维修整治时测量定位点和吊弦点静态接触线高度,更换高差超过标准的吊弦,按设计标准调整接触线平顺性。

图 3.54 所示为某高速铁路检测出锚段关节附近燃弧一级缺陷,相同位置弓网接触力波动明显。

检测波形数据分析发现,燃弧缺陷和弓网接触力波动位于相同位置,具有关联性,五跨锚段关节小里程侧内转换柱接触线高度有明显抬升,现场核对静态测量数据见表 3.3。由静态测量数据可知该定位点与相邻支柱定位点接触线高差超出标准要求,且两内转换柱之间吊弦高差也超出标准要求,该位置接触线高差超标是弓网动态产生燃弧和接触力缺陷的主要原因。

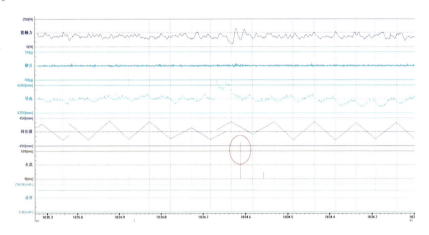

图 3.54　燃弧缺陷检测波形

表 3.3　某高速铁路燃弧缺陷附近几何参数测量数据

杆号/吊弦位置	接触线高度/mm	拉出值/mm
476 号	6 420	93
吊弦 1	6 425	—
吊弦 2	6 415	—
吊弦 3	6 410	—
吊弦 4	6 411	—
吊弦 5	6 413	—
吊弦 6	6 425	—
478 号	6 441	300
吊弦 1	6 453	—
吊弦 2	6 463	—
吊弦 3	6 490	—
吊弦 4	6 452	—
吊弦 5	6 419	—
480 号	6 409	281
吊弦 1	6 409	—
吊弦 2	6 420	—

接触网几何参数满足标准要求是弓网受流质量优良的基础,该缺陷整治的关键是调整锚段关节内接触网几何参数。调整转换柱工作支套管双耳在平腕臂上的位置,使该定位点接触

线高度降低到适当位置,与相邻定位点接触线高差满足标准要求,更换高差超标的相邻吊弦并调整相关参数。

图3.55所示为某高速铁路整锚段燃弧缺陷波形图。该高速铁路为有砟轨道,随着运营周期的延长,接触网、轨道等相关设备的维修,接触线平顺性逐渐降低,影响弓网动态性能,造成该高速铁路接触网燃弧问题比较突出,部分锚段出现整锚段燃弧,单元CDI超出管理值。

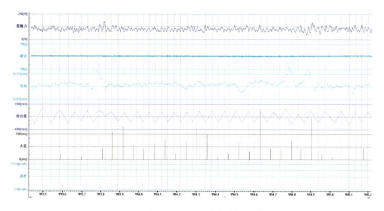

图3.55　某高速铁路整锚段燃弧缺陷波形

按照精测精修实施办法的规定,设备管理单位对该高速铁路接触网状态实施全面调整,恢复设计状态。对锚段关节参数进行全面调整,全线整体吊弦更换采用设计院软件计算、工厂化预制方式,保证更换后接触网参数满足标准状态。图3.56所示为三级修后波形对比,接触线平顺性和弓网接触力波动显著改善,燃弧问题得到有效整治,单元CDI降低到管理值以下。

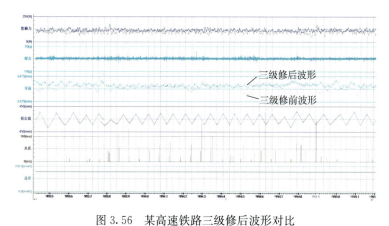

图3.56　某高速铁路三级修后波形对比

图3.57所示为某高速铁路检测出整锚段燃弧缺陷波形图。该缺陷主要原因为施工质量较差,随着运营周期的延长,接触网动态性能逐渐下降。

为适应客流增加,提升运能,该高速铁路计划提升运营速度。依据接触网动态检测数据分析结果,确定对全线存在燃弧、硬点最为严重的61个锚段采取了更换接触线的方案,对其余存在燃弧的锚段采取精细调整接触线平顺性、利用接触线正弯器校直接触线、释放蠕变等方式进行全面整治。图3.58为天窗点内恒张力更换接触线施工。

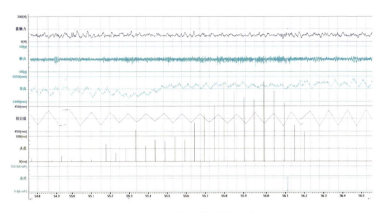

图 3.57 整锚段燃弧缺陷波形

图 3.58 天窗点内恒张力更换接触线施工

图 3.59 为更换接触线并提升速度后检测波形。与图 3.57 对比可知更换接触线后接触线平顺性得到改善,速度提升后动态接触线高度和弓网接触力波动稍有增加,但整锚段燃弧全部消除,满足速度提升对接触网动态性能的要求。

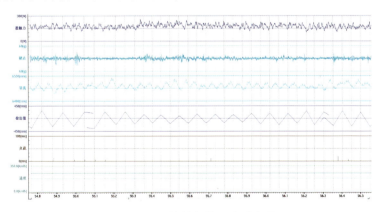

图 3.59 更换接触线后检测波形

图 3.60 为采用图形分析法展示该高速铁路提速前接触网维修整治期间月 CDI 均值变化趋势，CDI 随着维修整治的推进呈逐月下降趋势。该高速铁路依据动态检测数据分析结果采取更换接触线、全面整治接触线平直度和接触网精细调整相结合的方法消除了大部分区段性燃弧、硬点问题，接触网动态性能显著改善，充分体现了接触网检测指导维修、以检定修的重要性。

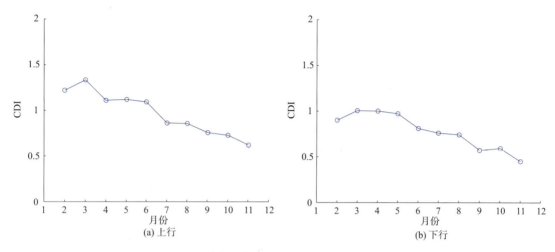

图 3.60 某高速铁路上下行月 CDI 均值变化趋势

3.3.1.3 设备运行参数变化

接触网系统由众多零部件组成，零部件在运行过程中由于自身性能或外部原因造成参数变化，进而影响整个系统的正常运行。设备运行参数的变化可能引起接触网功能的急剧恶化甚至突变，影响受电弓的安全运行，应引起足够重视。

图 3.61 所示为通过对比分析法发现的某高速铁路一定位点拉出值与历史数据存在突变。

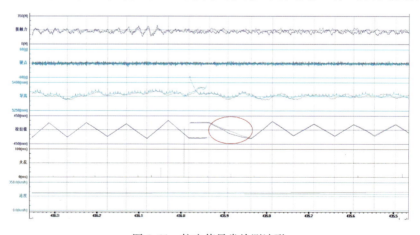

图 3.61 拉出值异常检测波形

通过图像辅助分析发现该定位点定位器脱落后倒挂在定位支座上，定位器脱落的定位点与前后定位点拉出值呈一条直线，波形对比出现较大变化，该情况严重危及弓网运行安全，需要立即申请天窗重新安装定位器并调整相关参数。图像辅助分析如图 3.62 所示。

图 3.62　图像辅助分析拉出值异常

图 3.63 所示为某高速铁路联调联试期间检测出一定位点接触线高度一级缺陷,与上一天检测数据对比,接触线高度存在明显突变。

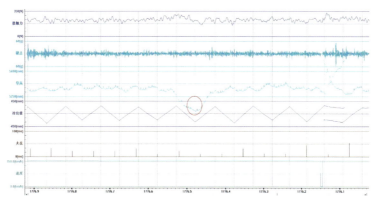

图 3.63　接触线最小高度缺陷检测波形

通过天窗点检查发现该定位点连接平腕臂和斜腕臂的套管座顶紧螺栓松动,在接触悬挂水平载荷作用下套管座向承力索座方向滑移,平腕臂严重低头,接触悬挂较原安装高度低了 130 mm 左右,接触线高度到达一级缺陷。现场检查状态如图 3.64 所示。

图 3.64　套管座滑移图像

维修整治需重新调整腕臂装置安装参数,接触网几何参数恢复到原安装状态,检查并紧固连接零部件螺栓。

图 3.65 所示为某高速铁路检测出接触线高度二级缺陷,相同位置弓网接触力出现剧烈波动。

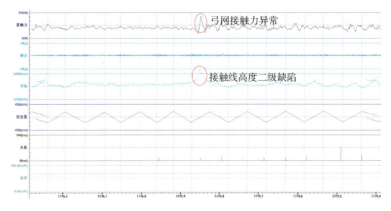

图 3.65 触线高最大接度缺陷检测波形

通过波形数据和基础信息确定缺陷位置为中心锚结,锚段两端分别位于隧道内外,属于典型的几何参数变化引起弓网受流状态变化。中心锚结位置接触线高度缺陷可能是安装或锚段内部参数变化引起,采用数据综合分析,对比历史检测数据发现,该中心锚结位置接触线高度存在逐渐变大趋势,初步确定为锚段内部参数有异常情况,图形分析对比如图 3.66 所示。

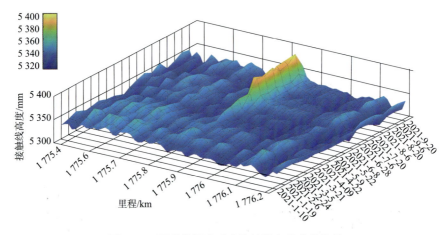

图 3.66 图形分析法对比接触线高度变化趋势

现场复核确认缺陷位置为中心锚结,一侧接触线中心锚结绳受力过紧,两端吊弦松弛,进一步检查发现隧道侧承力索补偿装置棘轮因缺油卡滞。温度升高导线伸长,棘轮卡滞侧承力索张力变小,对侧承力索带动本侧接触线中心锚结绳拉紧并上移,接触线中心锚结线夹位置接触线高度逐渐抬高,进而引起弓网接触力异常。现场复核状态如图 3.67 所示。

维修整治需要对卡滞的棘轮补偿转动轴做注油处理,补偿张力恢复正常,检查锚段内其他零部件状态,中心锚结状态恢复正常,持续跟踪动态检测数据变化情况。

图 3.68 所示为采用波形图重复对比分析某有砟轨道高速铁路锚段内接触线高度变化。

图 3.67 隧道内棘轮卡滞及整治

图中三次数据分别为锚段内某年 2~4 月检测数据,显示半个锚段内接触线高度存在逐渐降低趋势,而其他位置各项参数重复性良好。路基上拱或工务起道会引起接触线高度降低,接触网补偿装置卡滞后气温变化也可能引起接触线高度的变化。因此,根据检测分析结果应立即了解工务是否存在线路整治情况,需尽快检查道床状态和接触网补偿装置状态。

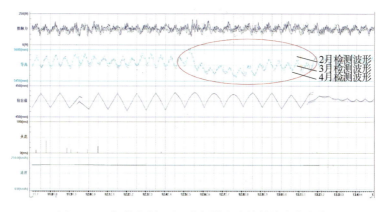

图 3.68 波形图重复对比分析锚段内接触线高度变化

有砟轨道线路接触线高度的变化,没有引起设备管理的足够重视,未立即申请天窗对现场进行复核检查,该位置接触网设备继续运行 7 天后发生弓网事故。图 3.69 所示为该位置承力索中心锚结绳松弛侵入受电弓动态包络线引发弓网事故时的监控图像。

事故发生后的现场排查发现,该锚段一侧承力索棘轮补偿装置转动轴卡滞,图 3.70 所示为事故发生时棘轮卡滞后状态。进一步对比分析 2 月份以前检测数据,均显示无变化,说明棘轮卡滞发生在 2 月份,随着气温升高,卡滞位置半个锚段内承力索伸长、张力减小,中心锚结位置腕臂向对侧偏移,相应位置承力索中心锚结绳松弛侵入受电弓动态包络线引发弓网事故。卡滞位置半个锚段承力索张力减小,弛度变大,半个锚段内接触线高度相应降低,正好与检测数据的变化相吻合。该案例对深入分析检测数据与设备运行参数变化之间的相关性,加强现场缺陷复核检查工作的时效性,及时发现设备故障、确保运行安全具有典型意义。

图 3.69　承力索中心锚结绳松弛侵入受电弓动态包络线引发弓网事故

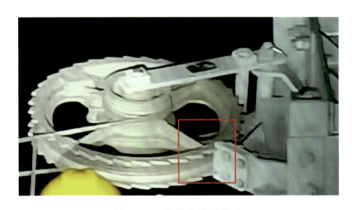

图 3.70　棘轮卡滞后状态

3.3.1.4　外部环境状态变化

接触网暴露在自然环境中,支柱基础是建立在路基、桥梁之上,接触网几何参数是相对轨道进行测量,因此,外部环境的变化,尤其是路基、轨道的变化对接触网参数和性能的影响非常大,运营线路经常发生外部环境状态变化而引起弓网参数变化甚至弓网故障。

图 3.71 所示为阈值管理分析发现的某普速铁路道岔柱拉出值一级缺陷。

拉出值数值已达 642 mm,故障风险非常高,缺陷原因分析时首先认为是接触网维修作业造成拉出值调整错误。经查接触网维修作业清单,该位置本季度接触网没有进行过任何施工作业。对比历史检测数据,该位置拉出值存在突变情况,排查人员及时赶到现场发现拉出值突变为支柱向田野侧倾斜所致。

该支柱为直埋基础,回填夯实不足,基础上端浇筑了少量混凝土,雨季经雨水持续侵蚀后基础下沉并形成空洞,支柱在基础的带动下逐渐向田野侧倾斜,致使拉出值达到大值缺陷。支

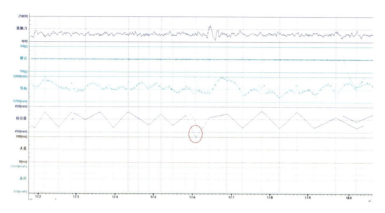

图 3.71　道岔柱拉出值缺陷检测波形

柱基础状态如图 3.72 所示。

图 3.72　支柱基础位移图像

维修整治需在天窗点内对支柱基础进行开挖,支柱整正至原侧面限界后采用混凝土回填加固处理,调整道岔柱相关参数。

图 3.73 所示为某城际线路检测发现区段接触线高度整体偏低,连续多跨接触线高度为二级缺陷,个别点接触线高度达到一级缺陷。

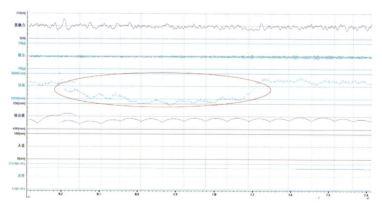

图 3.73　区段接触线最小高度缺陷检测波形

该城际线路为新开通运营线路,联调联试结束前接触网动态检测缺陷已全部消除,可以确定该区段接触线高度缺陷为运营期间产生。利用 wave 波形软件叠加连续三个月检测波形,发现该区段接触线高度呈逐渐降低趋势,如图 3.74 所示。该线路为有砟轨道,开通运营后该区段路基存在下沉病害,工务连续对病害道床进行抬道整治,造成实际轨面线上移,接触线高度降低。

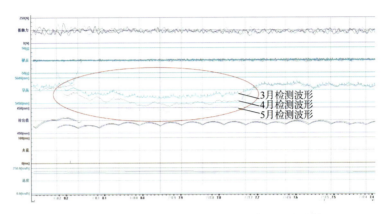

图 3.74　波形图重复对比分析接触线高度变化趋势

路基下沉必须得到有效整治,在路基下沉整治完成并保持稳定前,可持续跟踪接触线高度变化趋势,未达到严重风险前可以不调整接触线高度,待路基下沉整治完成并保持稳定后,根据接触线需要调整的高度量制定整治方案。接触线抬升量较小时可采用调节定位点套管双耳(旋转双耳)在平腕臂上的安装位置,使接触悬挂整体升高,当接触线抬升量较大时则需调节上下底座的安装位置,使接触网整体上抬,并更换高差较大的整体吊弦,调整接触线平顺性。该区段接触线高度缺陷整治前后检测波形对比如图 3.75 所示。

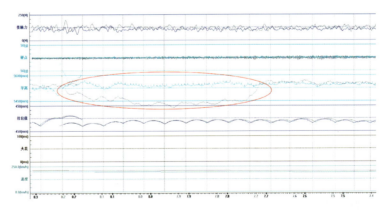

图 3.75　区段接触线高度缺陷整治前后波形对比

3.3.2　综合状态评价典型案例

3.3.2.1　接触网优良率、合格率

图 3.76 所示为某客货共线铁路不合格单元检测波形图,单元内缺陷包括以跨为统计单元的 3 处接触线最大高度一级缺陷,其中,2 处高度超过 6 650 mm,6 处接触线最大高度二级缺

陷,1处一跨内接触线高差一级缺陷,1处一跨内接触线高差二级缺陷,总扣分达97分,1 km内扣分超过40分,被评价为不合格区段。

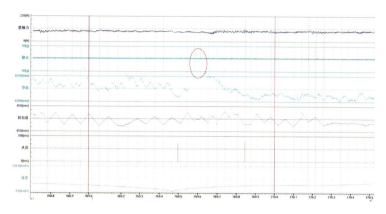

图3.76 某客货共线铁路不合格区段检测波形

由检测波形查阅基础数据得该单元为车站侧线股道,接触线高度严重超高位置为三跨锚段关节,平面布置图如图3.77所示。缺陷原因为两转换柱工作支和非工作支安装错误,抬高超过设计允许高度,根据三跨锚段关节设计安装参数要求转换柱工作支接触线不抬高,转换柱非工作支接触线抬高270 mm(图3.78中H1),落锚处接触线抬高500 mm(图3.78中H2),两转换柱至跨中工作支接触线不抬高,两接触线水平间距200 mm。三跨锚段关节安装示意如图3.78所示。

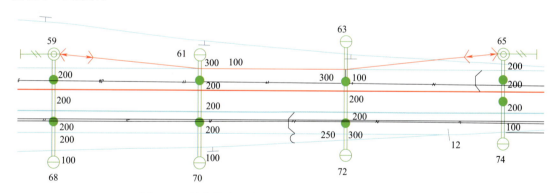

图3.77 某客货共线铁路不合格区段接触网设计平面图

检测波形显示,该三跨锚段关节相关参数不符合设计标准,通过调整或更换转换柱腕臂,降低锚段内工作支和非工作支接触线高度,调整跨内整体吊弦可满足设计标准。

图3.79所示为某普速铁路不合格单元检测波形图,单元内缺陷包括以跨为统计单元的6处接触线最大高度一级缺陷(无超过6 650 mm缺陷),11处接触线最大高度二级缺陷,总扣分达41分,1 km内扣分超过40分,被评价为不合格区段。

该不合格单元扣分缺陷全部为接触线高度,可采用重复对比分析法确认是接触网本身安装问题,还是因为路基、轨道维修等外部环境变化造成接触网参数的改变,根据问题产生的根源制定针对性维修策略。

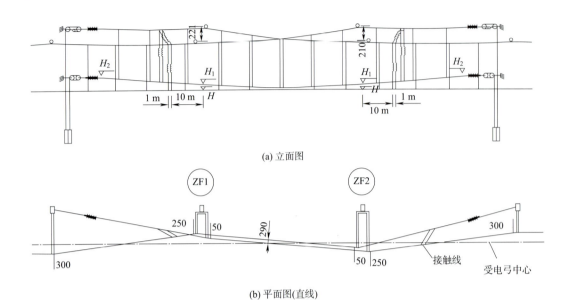

(a) 立面图

(b) 平面图(直线)

图 3.78 三跨锚段关节安装示意

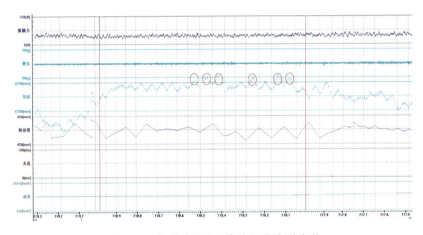

图 3.79 某普速铁路不合格区段检测波形

3.3.2.2 接触网动态性能指数

接触网区段质量评价与局部缺陷诊断评价互为补充,二者无严格的对应关系,均能反映接触网的动态性能,通过分析指数分量,可以确定影响接触网动态性能的主要因素。

单元 CDI 大于管理值时,该评价单元的动态性能较差,单元内可能同时存在多处接触网一级、二级缺陷。

图 3.80 所示为某高速铁路锚段单元维修前后检测波形图。维修前该锚段单元 CDI 值超过管理值,动态接触线高度分量 CDI_H 较大,动态接触线高度平顺性较差,存在一处接触线最大高度一级缺陷以及多处接触线最大高度、一跨内接触线高差二级缺陷;维修时主要针对缺陷进行整治,调整接触线高度,维修后动态接触线平顺性改善明显,锚段单元内无一、二级缺陷,动态接触线高度分量 CDI_H 和弓网接触力分量 CDI_F 显著下降,单元 CDI 小于管理值,该锚段单元

维修前后 CDI 及其各分量变化见表 3.4。

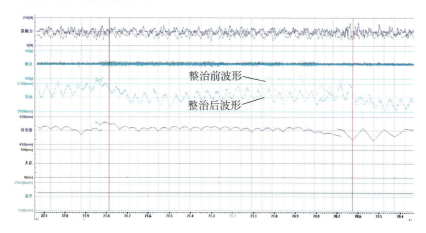

图 3.80　某高速铁路锚段单元维修前后检测波形对比

表 3.4　某高速铁路锚段单元维修前后 CDI 及其分量变化

对比周期	CDI_S	CDI_H	CDI_F	CDI_A	CDI
维修前	0.57	3.57	2.29	0	2.2
维修后	0.51	2.18	1.79	0	1.5

图 3.81 所示为某客货共线铁路锚段单元维修前后检测波形对比。维修前该锚段单元 CDI 值超过管理值，其动态接触线高度分量 CDI_H 和弓网接触力分量 CDI_F 较大，单元内不存在动态检测局部缺陷，但动态接触线高度平顺性差，弓网接触力波动较大，接触线大幅度的弯曲振动将严重影响接触线使用寿命。

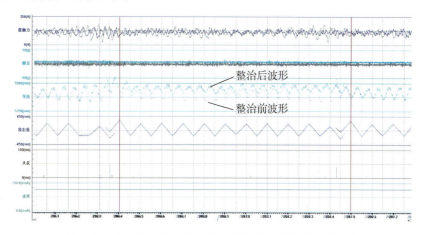

图 3.81　某客货共线铁路锚段单元维修前后检测波形对比

维修时主要针对改善接触网动态性能进行整治，综合分析接触网原设计参数、零部件性能、维修工作量等因素，采用适当增加接触线张力的方案。维修后动态接触线平顺性和弓网接触力均明显改善，动态接触线高度分量 CDI_H 和弓网接触力分量 CDI_F 显著下降，CDI 小于管理值。该锚段单元维修前后 CDI 及其各分量变化见表 3.5。

表 3.5　某客货共线铁路锚段单元维修前后 CDI 及其分量变化

对比周期	CDI_S	CDI_H	CDI_F	CDI_A	CDI
维修前	0.06	3.54	4.63	0.20	3.0
维修后	0.01	0.73	1.36	0.01	0.8

某高速铁路联调联试期间检测出多个锚段单元 CDI 超出管理值，对指数分量进行分析，针对性整治取得良好效果，图 3.82 所示为该高速铁路典型锚段单元整治前后检测波形对比。整治前该锚段单元 CDI 值超过管理值，其弓网接触力分量 CDI_F 和燃弧分量 CDI_A 较大，单元内不存在动态检测局部缺陷，但弓网接触力波动较大，燃弧明显，弓网间的剧烈波动和电弧严重影响弓网受流质量和周边通信质量。

弓网接触力和燃弧问题可能由多种原因引起，分析各超标锚段单元所在位置、接触线磨耗状态等，发现主要原因为隧道内接触线上存在异物（隧道壁整治滴落的环氧树脂）、接触线硬弯、接触线蠕变未得到释放等。整治措施为采用砂纸打磨消除接触线上异物、接触线正弯器整治硬点、解开定位线夹和吊弦线夹加接触线正弯器平推消除接触线蠕变。整治后弓网接触力波动显著改善，锚段内燃弧问题明显消除，弓网接触力分量 CDI_F 和燃弧分量 CDI_A 显著下降，CDI 小于管理值。图 3.82 所示锚段单元整治前后 CDI 及其各分量变化见表 3.6。

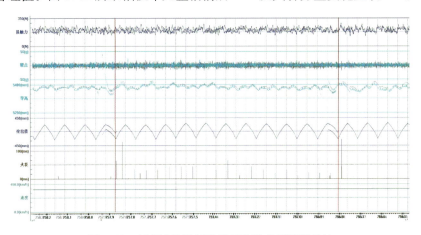

图 3.82　某高速铁路锚段单元整治前后波形对比

表 3.6　某高速铁路锚段单元整治前后 CDI 及其分量变化

对比周期	CDI_S	CDI_H	CDI_F	CDI_A	CDI
整治前	0	0.21	2.71	9.86	2.0
整治后	0	0.34	1.60	5.85	1.3

某些锚段单元存在局部缺陷，虽然单元 CDI 未超过管理值，但局部缺陷对应的 CDI 分量较大，分析 CDI 分量也可对维修提供一定建议。

图 3.83 所示为某普速铁路锚段单元维修前后检测波形对比。维修前 CDI 未超过管理值，但动态接触线高度分量 CDI_H 较高，锚段单元内存在 3 处接触线最小高度一级缺陷及多处接触线最小高度二级缺陷；维修后该锚段单元内无一、二级缺陷，动态接触线高度分量显著下降，单元 CDI 由 1.1 下降为 0.5，该锚段单元维修前后 CDI 及其各分量变化见表 3.7。

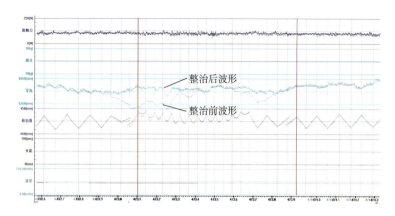

图 3.83　某普速铁路锚段单元维修前后波形对比

表 3.7　某普速铁路锚段单元维修前后 CDI 及其各分量变化

对比周期	CDI_S	CDI_H	CDI_F	CDI_A	CDI
维修前	0.11	2.98	0.04	0	1.1
维修后	0.19	1.37	0.03	0	0.5

第4章 3C装置检测数据分析

3C装置安装在运营动车组或电力机车上,实现对接触网的动态检测,用于指导接触网维修。3C装置通过红外热成像技术对接触网、受电弓以及弓网运行状态进行监测,对核心区域进行重点监控,实时分析温度变化,结合可见光成像数据,基于图像识别算法实现设备状态辨识和动态参数测量。3C装置检测数据包括数值类数据和视频图像类数据,检测周期为实时或定期。

4.1 分析依据

3C装置采集的动态拉出值、接触线高度、燃弧次数、燃弧时间、燃弧率的分析依据为动态检测评价方法。

接触网温度的分析依据主要为高速维规、普速维规附件中的电流致热型设备缺陷诊断判据,见表4.1。

表4.1 电流致热型设备缺陷诊断判据

设备类别和部位		热像特征	故障特征	缺陷性质		备注
				二级缺陷	一级缺陷	
电气设备与金属部件的连接	接头和线夹	以线夹和接头为中心的热像,热点明显	接触不良	温差不超过15 K,未达到一级缺陷的要求	热点温度>80℃或$\delta \geq 80\%$	δ为相对温差
金属部件与金属部件的连接	接头和线夹	以线夹和接头为中心的热像,热点明显	接触不良	温差不超过15K,未达到一级缺陷的要求	热点温度>90℃或$\delta \geq 80\%$	
金属导线		以导线为中心的热像,热点明显	松股、断股、老化或截面积不够	温差不超过15 K,未达到一级缺陷的要求	热点温度>80℃或$\delta \geq 80\%$	
输电导线的连接器(耐张线夹、接续管、并勾线夹、跳线线夹、T形线夹、设备线夹)		以线夹接头为中心的热像,热点明显	接触不良	温差不超过15 K,未达到一级缺陷的要求	热点温度>90℃或$\delta \geq 80\%$	
隔离开关	转头	以转头为中心的热像	转头接触不良或断股	温差不超过15 K,未达到一级缺陷的要求	热点温度>90℃或$\delta \geq 80\%$	
	刀口	以刀口压接弹簧为中心的热像	弹簧压接不良	温差不超过15 K,未达到一级缺陷的要求	热点温度>90℃或$\delta \geq 80\%$	测量接触电阻

注:温升:被测设备表面温度和环境温度参照体的温度之差。
温差:不同被测设备或同一被测设备不同部分的表面温度之差。
相对温度:两个对应测点之间的温差与其中较热点的温升之比的百分数。

表4.1仅适用于接触网零部件电流致热型设备导致的温度缺陷,由于3C检测系统采用红外成像技术监测接触网温度变化,当弓网匹配状态不良,受电弓离线引发燃弧时,测量温度会显著高于环境温度,该类型温度不以表4.1作为分析依据。

4.2 分析方法

3C装置运用场景包括动态几何参数诊断、弓网受流参数诊断、零部件温度异常识别和外观状态异常识别四方面,开展 3C 检测数据分析,需结合分析依据和专业特点,按照科学、高效的流程进行。针对特定的运用场景,可采用阈值诊断分析、图像辅助分析、重复对比分析、数据融合分析等多种方法,对 3C 装置检测数据进行缺陷预警、确认和分析,以便及时、准确地掌握设备状态,为现场复核维修提供数据支持。除此之外,也可采用诊断、统计、聚类、回归等大数据分析方法,深入挖掘 3C 装置检测数据中蕴含的有效信息,为制订维修计划、优化维修策略、提升维修效率提供帮助。3C 装置检测数据分析方法及流程如图 4.1 所示。

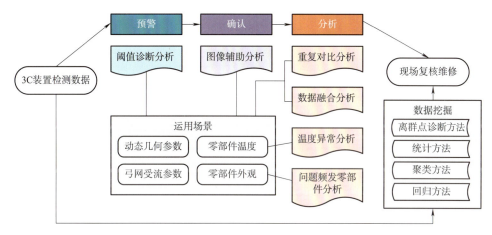

图 4.1　3C 装置检测数据分析方法及流程

4.2.1 分析运用场景

1. 动态几何参数

3C 装置依据图像识别技术实现接触网动态几何参数的测量,并在终端上展示疑似缺陷位置的数据信息。动态几何参数分析以 3C 装置上列举的疑似缺陷数据为基础,结合图像辅助确认疑似缺陷真实性,再采用重复对比分析和数据融合分析方法分别对历史检测情况和其他 6C 装置检测结果进行综合分析,以确认是否有必要组织现场复核维修,分析流程如图 4.2 所示。

2. 弓网受流参数

3C 装置可采集燃弧次数、燃弧时长等弓网受流参数,并结合图像识别技术,给出弓网动态作用状态异常位置及具体设备。弓网受流参数分析与动态几何参数分析方法类似,以 3C 装置上列举的疑似缺陷数据为基础,包括缺陷位置分析、图像辅助分析和重复对比分析,分别对疑似缺陷位置、检测数据准确性和历史检测情况进行分析,以确认是否有必要组织现场复核维修,分析流程如图 4.3 所示。

3. 零部件温度异常

3C 装置装配红外相机,相较于其他供电检测监测装备而言最显著的特征在于可实现接触网部件温度测量。零部件温度异常分析重点在于确认 3C 装置的温度报警信息是否属于导流异常致热。

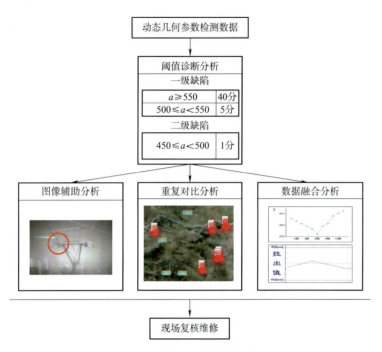

图 4.2　动态几何参数分析流程

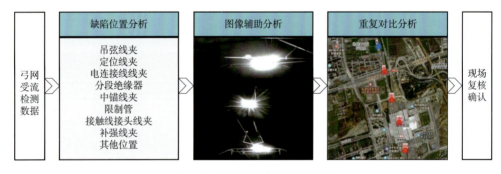

图 4.3　弓网受流参数分析流程

导致温度报警的原因一般为零部件导流异常致热和弓网燃弧致热。在温度报警后,可通过红外图像观察温度异常发生位置差异,零部件导流异常致热时红外图像最高温在接触网设备上,而弓网燃弧致热时红外图像最高温通常在弓网受流位置,如图 4.4 所示。

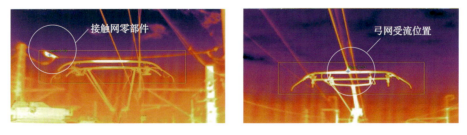

图 4.4　零部件导流异常和弓网燃弧致热的发热位置差异

4. 零部件非正常状态

3C装置采用图像智能识别算法智能识别接触网零部件的非正常状态。零部件非正常状态报警需进行人工确认,确认过程中应该重点关注频发部件,并结合合理的确认方法,确保不错判、漏判。

重点关注问题频发零部件的状态能够有效提升疑似缺陷辨识工作准确性和高效性。首先对图像内容进行辨识,确认当前图像中是否包含分段绝缘器、吊弦和定位装置三类频发设备;其次,若存在问题频发设备,应主要考察重点部位是否存在状态异常;最后关注其他设备状态是否正常,如承力索、电连接线、中心锚结绳等,如图4.5所示。

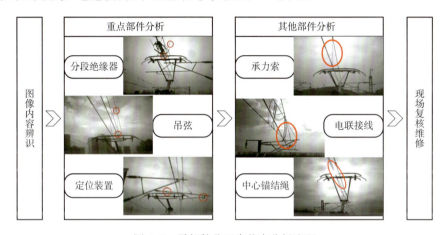

图4.5 零部件非正常状态分析流程

4.2.2 阈值诊断分析

3C装置可在列车高速运行状态下,通过图像识别技术实时采集接触网几何参数进行阈值诊断。阈值诊断分析用于发现设备的局部缺陷,按参数超限的危害程度分别设置了一、二级缺陷阈值。阈值设置与接触网设备的运行状态密切相关,如针对拉出值的诊断阈值对保证弓网受流安全性具有重要意义。

图4.6所示为某高速铁路局部位置各帧3C检测图像中识别出的拉出值变化曲线,该位置附近多帧检测图像显示存在参数超限,由此可见,该位置检出拉出值二级缺陷。

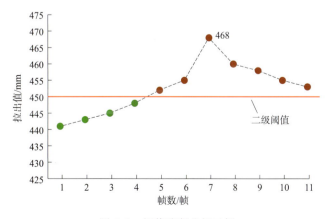

图4.6 阈值诊断分析示例

接触网设备状态与弓网受流参数密切相关,接触网设备状态异常时通常会导致特定位置的弓网受流参数缺陷,换言之,弓网受流参数缺陷位置处的接触网设备通常处于非正常状态。因此,分析弓网受流参数时,对检出疑似缺陷不能一概而论,除阈值诊断分析外,还应进行分类,以关注缺陷预警位置差异。

以燃弧预警为例,动车组 3C 装置检出明确分类的燃弧预警位置有吊弦线夹燃弧、定位线夹燃弧、电连接线夹燃弧、分段绝缘器燃弧、中心锚结线夹燃弧、限制管燃弧、接触线接头线夹燃弧、补强线夹燃弧等多种类型,2021 年高速铁路检出各类燃弧预警数量和百公里预警数见表 4.2。

表 4.2 2021 年高速铁路中检出的燃弧预警分布

燃弧预警类型	检出预警数量/个	百公里预警数/个
吊弦线夹燃弧	70 828	28.41
定位线夹燃弧	58 413	26.33
电连接线夹燃弧	42 582	22.43
分段绝缘器燃弧	26 182	15.39
中心锚结线夹燃弧	17 054	9.18
限制管燃弧	3 703	2.60
接触线接头线夹燃弧	213	0.09
补强线夹燃弧	41	0.02

由表 4.2 可知,3C 装置检出的不同类型燃弧预警的频率存在显著差异。另外,不同线路检出的燃弧预警的主要类型也可能存在差异,分析燃弧预警时也应因线路而异,日常运营维护中应重点关注各条线路经常出现的同类问题。

以几条主干高速铁路 2021 年数据为例,检出所有燃弧预警类型分布如图 4.7 所示。

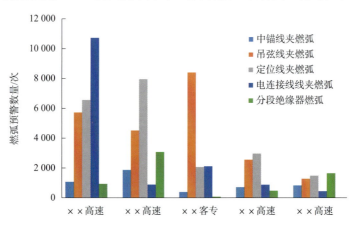

图 4.7 主干高速铁路 2021 年燃弧预警类型分布

4.2.3 图像辅助分析

列车高速运行中,检测设备受阳光、雨雪、强光源等因素干扰,可能会导致检测数据在局部位置出现异常值。图像辅助分析是指采用弓网相机和全景相机采集的图像数据对 3C 装置检出的几何参数疑似缺陷进行人工分析,剔除因异常值引起的缺陷误报。

图 4.8 所示为 3C 高清弓网相机采集的拉出值疑似缺陷图像,图像中弓网接触位置与受电弓中心线距离过大,由此可确认拉出值缺陷。

另外,不同的 3C 装置弓网受流参数检测的技术方案各有差异,以燃弧时长参数为例,主流的检测方法包括图像识别和紫外光探测两种,技术路线不同,检测数据结果差异不可避免。因此,对燃弧预警进行分析时,应以红外相机、弓网相机和全景相机采集的图像信息作为辅助手段。

图 4.8 图像辅助分析疑似拉出值缺陷

在发生燃弧预警时,红外相机采集的图像中弓网接触点的温度最高,且弓网相机和全景相机会拍摄到明显的火花图像。图 4.9 所示为发生分段绝缘器燃弧时,红外相机、弓网相机和全景相机采集的典型图像。红外相机图像中显示的最高温度位于弓网接触位置,表明造成该位置温度较高的主要原因为弓网燃弧致热,且最高温度位置处于分段绝缘器下方。全景相机图像和弓网相机图像中存在显著光斑,即可确认该位置存在燃弧现象。

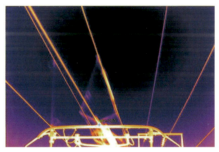

(a) 红外相机图像

(b) 全景相机图像

(c) 弓网相机图像

图 4.9 红外相机、弓网相机和全景相机采集的燃弧预警图像

4.2.4 重复对比分析

仅通过单次检出的疑似缺陷,可能无法准确判断接触网参数或设备状态。在维修资源有限的情况下,应结合历史检测数据进行重复对比分析,并根据分析结果确定是否有必要实施现场复核和维修。

3C 装置检测数据显示某高速铁路 2021 年 1~10 月在相同位置处频繁检出拉出值疑似缺

陷,共计12次,各次拉出值疑似缺陷数值如图4.10所示。尽管数值存在差异,但均超出了二级缺陷阈值,据此判断该位置的接触网设备存在几何参数布置异常。

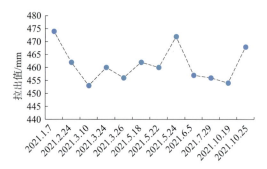

图4.10 重复性分析疑似拉出值缺陷

相较于动态几何参数,弓网受流参数更复杂,影响因素更多。除受接触网设备技术状态的影响外,弓网受流参数还与列车运行速度、气候环境和地形条件等多种外部因素有关。因此,结合历史数据进行重复对比分析是合理、有效利用弓网受流参数的科学方法。

图4.11所示为某高速铁路全线检出的定位线夹燃弧预警分布图及站场2~3区间检出的定位线夹重复报警位置。该高速铁路定位线夹燃弧预警呈现明显的区间特征,且在频繁检出区间内共查出25处定位线夹重复燃弧预警,应重点关注频繁检出区间的定位装置状态,并对重复检出燃弧预警位置开展现场复核。

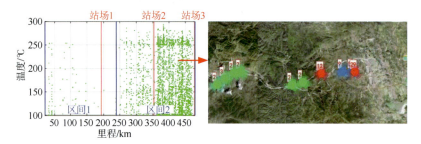

图4.11 某高速铁路检出的定位线夹燃弧预警分布及重复预警位置

4.2.5 数据融合分析

分析3C装置检出的动态几何参数疑似缺陷时可结合其他装置的检测数据进行补充。不同检测装置的检测原理、检测项目及检测精度虽存在差异,但融合相关检测数据有助于分析原因、确认缺陷。

图4.12所示为某普速铁路同一位置的3C装置报警信息与1C装置检测波形,3C装置报警信息显示该位置拉出值为598 mm,1C装置检测波形显示该位置拉出值为530 mm,均超出缺陷阈值。由于1C与3C装置的检测受电弓型号、运行速度等存在差异,导致检出的动态拉出值数据不同,但均检出缺陷,表明该位置拉出值静态布置存在异常,应组织现场复核维修。

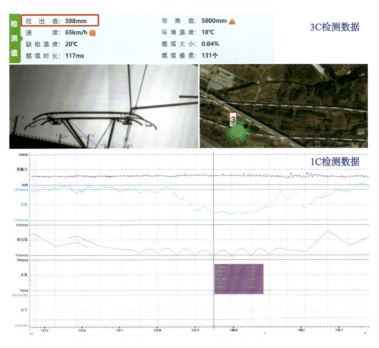

图 4.12　3C 与 1C 数据融合分析

4.2.6　温度异常分析

在分析温度异常属于零部件导流异常致热后,可通过观察当前红外相机采集图像中的最大温度位置排除其他设备或外部环境干扰,并通过预警缺陷附近检出的温度变化曲线排除其他设备或外部环境干扰。

图 4.13 所示分别为报警位置的红外图像、可见光图像和附近温度变化曲线,红外图像的最高温度未出现在弓网接触位置,表明此处的温度异常是由零部件导流异常所致,结合可见光图像可知发热位置为保护线(PW 线)与支柱连接的线夹处,由连续温度变化曲线可以看出检测装置在通过该位置时连续多帧均有温度异常报警,综合判断该温度异常是 PW 线线夹导流异常所致,并非外部环境干扰,应组织现场复核此处线夹状态。

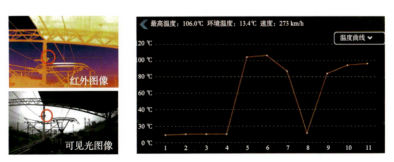

图 4.13　预警位置附近的红外图像、可见光图像和温度变化曲线

4.2.7　问题频发零部件分析

零部件非正常状态分析重点关注问题频发零部件的状态能够有效提升疑似缺陷辨识工作

准确性和高效性。对统计结果显示，3C装置检出的接触网零部件非正常状态频率最高的三类设备为分段绝缘器、吊弦和定位装置。

1. 分段绝缘器

分段绝缘器属于接触网系统中与受电弓直接作用的主要零部件之一，在站场两侧布置的分段绝缘器工作环境相对恶劣，其长期处于振动状态，因此，容易出现松、脱、断、烧等非正常状态。在分段绝缘器上，最容易出现消弧角缺失和分段绝缘器偏移两种非正常状态，在对分段绝缘器进行疑似缺陷分析时应该重点关注，如图4.14所示。

图4.14　分段绝缘器重点关注部位

2. 吊弦

吊弦不与受电弓直接作用，但在受电弓通过时会剧烈振动，容易造成疲劳损伤，发生脱落、断股等非正常现象。在吊弦上最容易出现断股、断裂、脱落的位置主要为吊弦两端，分析确认时应该重点关注，如图4.15所示。

图4.15　吊弦重点关注部位

3. 定位装置

定位装置与受电弓直接作用，受电弓经过时定位器抬升，会带动定位管吊线和等电位连接线竖向运动，长期频繁运动容易造成折断、脱落。因此，在对定位装置进行分析时，应重点关注定位管吊线和等电位连接线状态是否出现异常，如图4.16所示。

图 4.16　定位装置重点关注部位

4.2.8　数据挖掘分析

4.2.8.1　离群点诊断方法

离群点诊断方法是数据挖掘领域的一项重要技术，其目标是发现数据集中行为异常的少量数据对象。接触网检测数据中的异常值确认需要融合离群点诊断算法与接触网专业知识。

以接触线动态高度检测数据为例，依据《车载接触网运行状态检测装置（3C）暂行技术条件》接触网几何参数采样间隔不高于 1 m，依据《高速铁路接触网动态运行维修规则》两相邻吊弦点接触线高差限界值为 15 mm，吊弦间距一般为 7～9 m，考虑动态接触线抬升量最大取 150 mm，为便于估算，取裕度为 35 mm，则相邻采样点间的接触线高度变化不高于 20 mm。据此，可将相邻采样点间的接触线高度变化超出 20 mm 的采样点认定为离群点，属于异常检测数据，可进行修正或删除。

4.2.8.2　统计方法

评价特殊处所或整条线路的接触网设备状态时，应基于历史检测数据，通过统计分析方法充分了解接触网缺陷的位置和类型分布特征，确定动态运行质量薄弱设备、区段和主要缺陷类型，为集中整治提供数据支持和维修建议。

统计方法以历史检测缺陷数据为样本，对描述设备状态和接触网动态性能的检测参数和缺陷信息进行统计分析，主要包括检出频次分析、集中趋势分析、离散程度分析和经验分布拟合等。检出频次分析通过对一段时期内同一区段中检出缺陷的频次进行统计，用于识别线路中接触网缺陷频发区段，并判断单次检出的缺陷是否值得耗费维修资源。针对特定的接触网缺陷类型，集中趋势和离散程度分析分别基于大量历史检测数据反映超限参数的整体水平和差异程度，经验分布拟合则通过核估计方法给出超限参数的分布函数。集中趋势分析的常用统计量包括平均值、中位数、众数，离散趋势分析的常用统计量包括方差和标准差，经验分布拟合通常采用核密度法对概率密度函数进行估计。

3C 装置在某高速铁路上行 K499.805 处检出疑似接触线硬弯局部缺陷。为了确认是否有必要对检出疑似缺陷实施现场复核调整，将线路长度按 50 m 进行等长区间划分，统计各区间 2019 年 1 月～2021 年 4 月间检出的疑似接触线硬弯疑似缺陷频数，如图 4.2.17 所示。由图可知，K499.805 所属区间 K499.785～K499.835 中检出频数最多，达到 36 次。

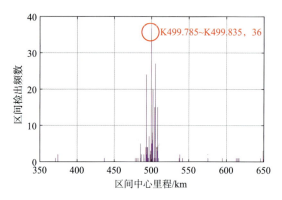

图 4.17　某高速铁路上行接触线硬弯缺陷频数统计

查看该高速铁路近期的 1C 检测数据,如图 4.18 所示,该位置检出的硬点显著大于附近其他位置,且存在持续时长较长的燃弧缺陷。

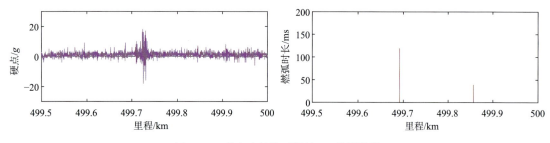

图 4.18　某高速铁路近期的 1C 检测数据

综上分析可知,该高速铁路上行 K499.805 处的接触线硬弯缺陷存在,且在较长周期内频繁检出,可安排现场复核调整。

4.2.8.3　回归方法

3C 装置安装在运营动车组上实现等速实时检测,列车运行速度数据丰富,包括从动车组出站提速到高速运行,再到进站减速等各种速度条件,因此,可通过回归算法研究速度与接触网缺陷的关系,探索缺陷的发生机理。

回归方法是数据挖掘中应用领域和应用场景最多的方法,最常用的回归方法为一元回归方法,包括线性和非线性回归。针对一元线性回归,通常采用最小二乘法确定自变量与因变量之间的函数关系式。对于一元非线性回归,可通过描出数据的散点图,判断 2 个变量之间可能存在的函数关系,然后采用数学变化将其"线性化"或借助一些基本非线性函数进行拟合,常用的非线性函数有幂函数、指数函数、对数函数等。

对某高速铁路 2019 年 12 月～2020 年 7 月同一位置检出的疑似接触线高度局部缺陷进行分析,对检测日期与接触线高度数据进行一元线性回归,回归函数为 $y=5.42x-5359.54$,基于该函数预测未来 3 期接触线高度检测数据,如图 4.19 所示,该位置的接触线高度检测数据持续增加,2020 年 8 月至 9 月的检测数据与预测结果基本一致。

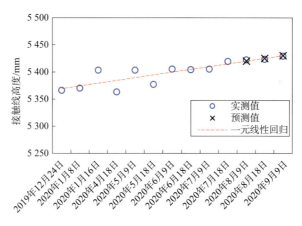

图 4.19 接触线高度缺陷值回归及预测

该位置 2020 年 9 月 9 日接触线高度检测数据如图 4.20 所示。该位置处于两相邻等高点中间,位于中心锚结附近。中心锚结是影响接触网稳定性的重要因素之一,中心锚结是两侧受力的,当接触网张力补偿装置出现异常时,中心锚结位置的受力状态通常会发生改变,导致动态检测数据异常。

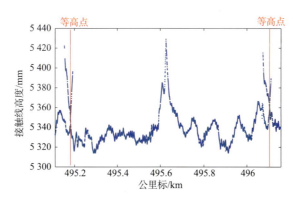

图 4.20 2020 年 9 月 9 日接触线高度检测数据

4.2.8.4 聚类方法

国内动车组装配的受电弓型号多样,不同型号受电弓因其机械结构、控制策略等存在差异,导致在相同线路条件下运行的弓网受流性能也不完全一致,动车组 3C 装置能采集到大量等速检测数据,可借助聚类方法将其用于研究不同型号受电弓的动态性能差异。

聚类是将数据集合分成由类似对象组成的多个类或簇,K-均值聚类是应用最广泛的聚类方法之一。K-均值聚类的工作原理为随机选取数据集合中的 K 个点作为初始聚类中心,然后计算剩余各样本到聚类中心的距离,将它赋给最近的类,并重新计算每一类的平均值,整个过程不断重复,如果相邻 2 次赋值没有明显变化,则说明划分的类已收敛。K-均值聚类采用距离作为相似性的评价指标,即认为 2 个对象的距离越近,其相似度就越大,常用的距离有绝对值距离、欧氏距离、切比雪夫距离等。

按车型对某高速铁路 2019 年 1 月~2021 年 4 月检出的燃弧预警数量进行统计,由于不同车型的检测频率存在差异,统计燃弧预警数量时以百公里预警数(平均每百公里检测出的预警个数)为准。各月不同车型检出的燃弧预警数量如图 4.21 所示,不同车型的检测设备燃弧预警数量存在显著差异。

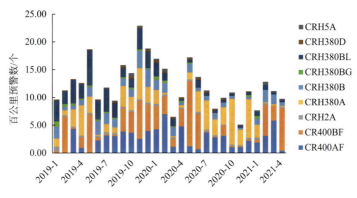

图 4.21 某高速铁路各月不同车型燃弧预警数量

分析导致不同车型检出燃弧预警数量存在差异的原因,采用 K-均值法对车型聚类。燃弧预警属于弓网匹配状态异常,发生频次与列车运行速度密切相关,聚类时需增加速度维度。以各月检出燃弧预警的列车运行速度和百公里预警数作为初始数据集,通过均值对初始数据集进行降维,见表 4.3。

表 4.3 燃弧预警降维后的数据集

车型	百公里预警数/个	运行速度/(km·h^{-1})
CR400AF	2.82	286.21
CR400BF	3.06	290.83
CRH2A	0.29	65.13
CRH380A	2.60	284.43
CRH380B	1.36	272.73
CRH380BG	0.38	193.32
CRH380BL	1.87	283.98
CRH380D	0.20	72.73
CRH5A	0.34	61.45

以欧式距离作为度量,取聚类个数为3,随机获取初始聚类中心,采用 K-均值法对表 2 中数据进行聚类,各样本与聚类中心的欧式距离及聚类结果如图 4.22 所示。

由图 4.22 可知,第 1 类中各车型装配的受电弓型号主要为 CX,检出燃弧时列车运行速度高,燃弧预警百公里数量多;第 2 类中 CRH2A、CRH5A 装备的受电弓型号为 DSA250,CRH380D 装备的受电弓型号为 CX,检出燃弧时列车运行速度低,燃弧预警百公里数量少;第 3 类 CRH380BG 装配的受电弓型号为 CX,检出燃弧时列车运行速度较高,燃弧预警百公里数量较多。

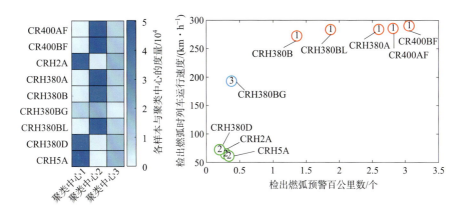

图 4.22　各样本与聚类中心的欧式距离及聚类结果

4.3　典型缺陷剖析

4.3.1　动态几何参数典型案例

图 4.23 所示为 3C 装置预警数据显示某普速铁路检出的动态拉出值缺陷,缺陷值为 603 mm。

图 4.23　3C 装置检出拉出值预警

重复对比分析查询 3C 装置中该位置附近的历史检测数据,发现该位置连续两天共检出 2 次拉出值预警,预警位置卫星图像如图 4.24 所示。预警所在位置为小半径曲线区段,检出拉出值预警时的列车运行速度均小于 60 km/h,车体在重力作用下向曲线内侧倾斜,受电弓中心线随列车车体向曲线内侧偏离线路中心线,造成动态拉出值预警。

数据融合分析查询同期 1C 检测数据,结果显示 1C 装置同样在该位置检出拉出值缺陷,缺陷值为 483 mm,如图 4.25 所示。1C 和 3C 检测数据、3C 可见光图像均显示该位置检出的拉出值缺陷真实有效,现场复测确认疑似缺陷位置静态测量值为 500 mm,超出设计值。

图 4.24　拉出值预警位置卫星图像

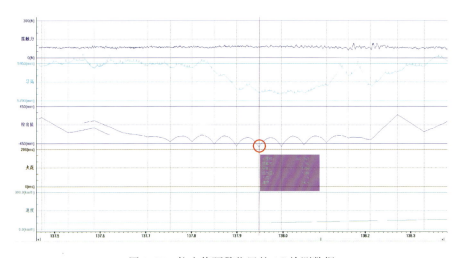

图 4.25　拉出值预警位置的 1C 检测数据

在列车进、出站附近的曲线区段容易检出拉出值预警,该区段列车运行速度低,车体晃动相对较大,容易造成拉出值预警。应结合区段设计参数,总结归纳不同车型不同速度通过时拉出值特征,与设计单位沟通,分析问题产生原因。

3C 装置预警数据显示某普速铁路站场区段检出支柱动态拉出值预警,预警值为 510 mm。预警位置红外图像和局部图像如图 4.26 所示。

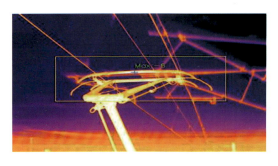 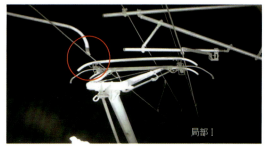

图 4.26　拉出值预警位置红外图像和局部图像

该处为锚段关节的中心柱,造成拉出值预警的主要原因是该处的定位器偏移过大。通过全景图像分析该支柱的两只接触悬挂相互位置安装错误(同一腕臂安装的承力索和接触线不是同一锚段悬挂），当温度剧烈变化后，承力索和接触线产生不同方向偏移，造成定位器偏移过大产生拉出值缺陷。预警位置全景图像如图4.27所示。

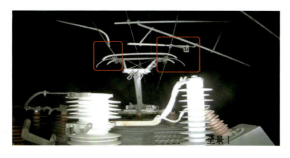

图 4.27　拉出值预警位置全景图像

现场复核确认拉出值缺陷属实，更换定位器后拉出值缺陷消失，维修前后的现场图像和1C检测波形如图4.28所示。

(a) 维修前　　　　　　　　　　　　　　(b) 维修后

图 4.28　维修前后的现场图像及1C检测波形

若无交叉线岔附近的几何参数布置不当，极易发生钻弓、打弓等弓网故障。3C预警数据显示某高速列车由无交叉线岔正线驶向侧线过程中检出一处拉出值超限，预警值为688 mm。预警位置红外图像和可见光图像如图4.29所示。

图 4.29　拉出值预警位置的红外图像和可见光图像

由可见光图像可以看出，受电弓导弧角与侧线接触线摩擦，并伴有剧烈火花，受损的受电弓导弧角如图4.30所示。

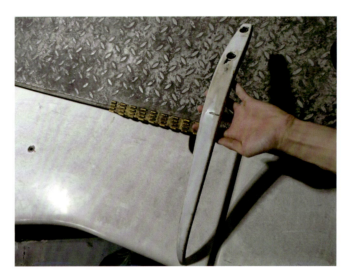

图 4.30　受电弓导角损伤

4.3.2　弓网受流参数典型案例

1. 分段绝缘器燃弧

由于分段绝缘器结构特殊导致受电弓运行至分段绝缘器处时通常会产生燃弧。3C 装置预警数据显示某高速铁路站场区段一处分段绝缘器位置检出燃弧预警,报警温度为 245℃。重复对比分析历史预警数据,发现该位置已发生多次重复报警信息,最高报警温度 261℃,图像辅助分析该疑似缺陷位置,图 4.31 所示为两次检出的分段绝缘器燃弧预警位置的 3C 红外图像和局部图像。

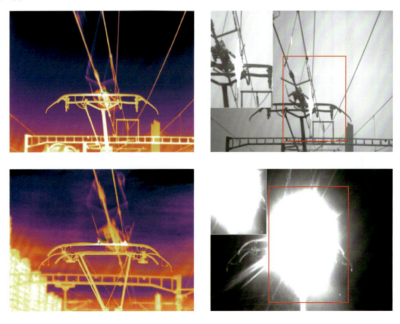

图 4.31　分段绝缘器燃弧预警位置的 3C 红外图像和局部图像

融合分析同期1C检测数据,该处分段绝缘器位置附近有燃弧现象,但燃弧时长并未超出规定的缺陷阈值,该位置附近弓网接触力、接触线高度、拉出值等其他各项动态检测参数均符合要求,如图4.32所示。

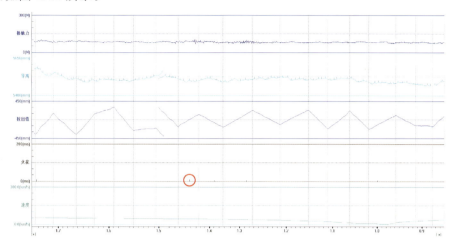

图4.32 分段绝缘器燃弧预警位置的1C检测数据

现场复核照片显示分段绝缘器消弧角存在明显烧伤痕迹,接触线接头线夹端头处有麻点放电痕迹,且只有端头处接触线有受电弓经过的痕迹,证明受电弓在由分段绝缘器滑轨过渡到接触线时发生撞击过渡不平滑,导致放电,造成缺陷的主要原因为分段绝缘器位置负弛度超出标准值。维修调整后,该处的分段绝缘器位置最高温度为18℃,满足标准要求。图4.33所示为现场复核照片及维修后红外图像。

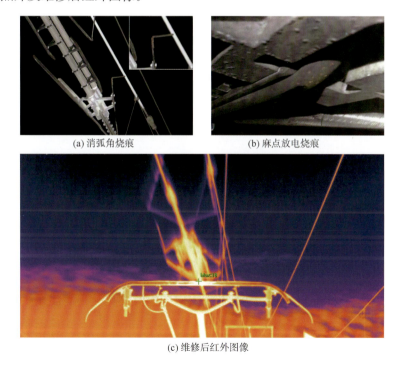

图4.33 现场复核照片与维修后红外图像

2. 接触线硬弯燃弧

接触线存在硬弯的位置，列车高速通过时极易发生受电弓离线，造成燃弧报警。3C装置预警数据显示某高速铁路存在一处燃弧预警，处于两相邻吊弦间，报警温度为168℃。重复对比历史预警数据，发现该位置已发生多次重复报警信息，最高报警温度251℃，图像辅助分析发现接触线上存在明显硬弯。图4.34为该位置的可见光图像及局部硬弯。

(a) 可见光图像

(b) 放大后的局部硬弯

图4.34 接触线局部硬弯位置的3C可见光图像

类似上述案例，由接触线局部硬弯引发的燃弧报警和温差报警在3C预警数据中多次出现，应充分利用图像辅助分析和重复对比分析方法，重点排查多次出现燃弧报警和温差报警的非线夹位置。图4.35为另一处接触线局部硬弯位置的3C红外图像和可见光图像。

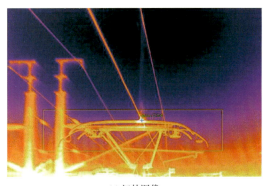
(a) 红外图像

(b) 可见光图像

图4.35 接触线局部硬弯位置的3C红外图像和可见光图像

3. 线夹位置燃弧

电连接线位置接触线负荷较大，相对更易形成硬弯，导致出现燃弧预警。3C装置预警数据显示某高速铁路一处电连接线夹位置检出燃弧预警，报警温度为112℃。重复对比历史检测数据发现，该线路自开通运行九个月内该位置共检出10次电连接线夹燃弧预警，图4.36所示为电连接线夹燃弧预警位置报警数据。

融合分析预警位置的 4C 检测数据，发现该位置存在轻微硬弯。现场复核确认缺陷存在，经维修调整后，该位置再无此类燃弧预警。图 4.36 所示为电连接线夹燃弧预警位置轻微硬弯。

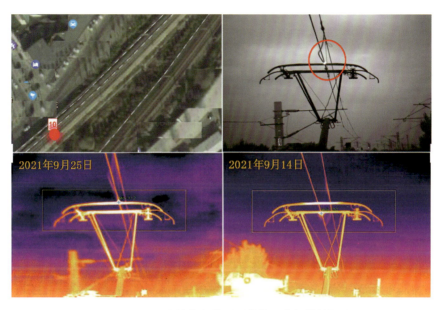

图 4.36　电连接线夹燃弧预警位置的报警数据

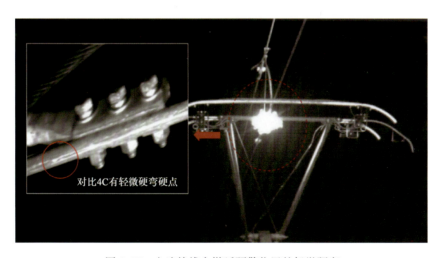

图 4.37　电连接线夹燃弧预警位置的轻微硬弯

定位装置状态异常会使定位线夹位置的接触线平顺性受到影响，往往会在定位线夹位置检出燃弧预警。重复对比 3C 历史检测数据发现某高速铁路一处定位线夹位置一年内累计检出 32 次燃弧预警，且存在持续劣化趋势。图 4.38 所示为定位线夹燃弧预警信息。

融合分析 4C 检测图像发现定位线夹位置接触线存在磨耗异常，现场复核均发现该位置存在定位器弯曲、接触线硬弯和磨损等问题。图 4.39 所示为定位线夹燃弧预警位置的定位器变形和接触线硬弯。

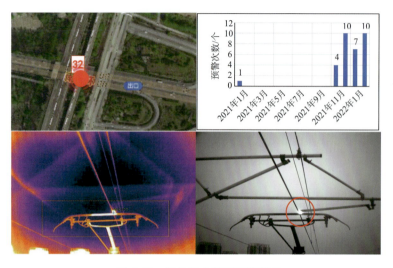

图 4.38 定位线夹燃弧预警信息

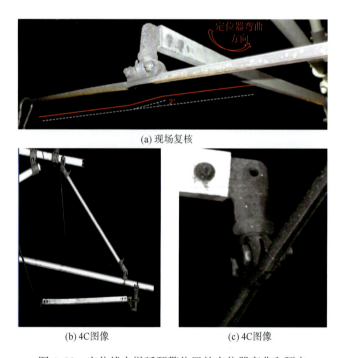

图 4.39 定位线夹燃弧预警位置的定位器弯曲和硬点

4.3.3 零部件温度异常典型案例

1. 主导电回路

动车组 3C 装置检出的发热案例中，隧道口位置 AF 线对向下锚连接处的并沟线夹发热发生次数多、分布线路广。图 4.40 所示为隧道口的并沟线夹图像，该线夹用于连接两个相邻锚段的正馈线（AF 线），若线夹螺栓出现松动、锈蚀时，容易造成导流性能下降，导致局部位置发热。

图 4.40　隧道口 AF 线并沟线夹

图 4.41 所示为某高速铁路 3C 装置检出并沟线夹发热时拍摄的红外图像和可见光图像,热点温度为 173℃,热点位置为隧道内 AF 线对向下锚处的并沟线夹。

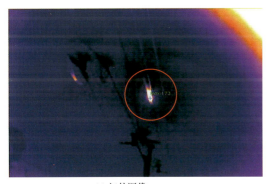　

(a) 红外图像　　　　　　　　　　　　　　(b) 可见光图像

图 4.41　隧道内并沟线夹发热

图 4.42 所示为某高速铁路检出并沟线夹发热时拍摄的红外图像和可见光图像,该位置处于隧道口附近,连续多帧红外图像记录的热点温度均大于 100℃,热点位置为隧道口 AF 线对向下锚处的并沟线夹。

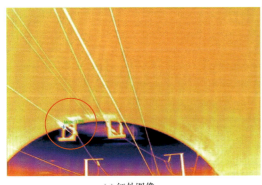　

(a) 红外图像　　　　　　　　　　　　　　(b) 可见光图像

图 4.42　隧道口并沟线夹发热

2. 接触悬挂

3C装置多次在限位定位器的定位支座处检出温度缺陷,造成温度缺陷的原因通常为定位支座处的电连接线松脱、断股,导流性能变差,造成定位器与定位环连接处发热。

图4.43所示为某高速铁路检出定位支座发热的红外图像和可见光图像,连续多帧红外图像记录的热点温度大于80℃,热点位置为限位定位器的定位支座。

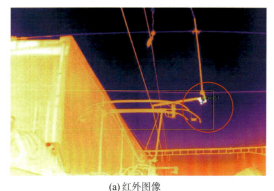

(a) 红外图像　　　　　　　　　　　(b) 可见光图像

图4.43　定位支座发热

3C装置多次在交叉线岔的限制管处检出温度缺陷。在交叉线岔附近通常安装电连接线,以保证线岔位置的两支接触线电位相同,若电连接线缺失或位置安装不恰当,会使两支接触线与限制管形成回路,造成限制管载流。由于限制管导电性能较接触线差,导致限制管发热。

图4.44所示为某高速铁路检出线岔限制管发热的红外图像和可见光图像,连续多帧红外图像记录的热点温度大于100 ℃,热点位置为交叉线岔处的整支限制管。

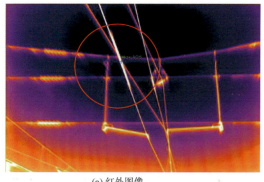
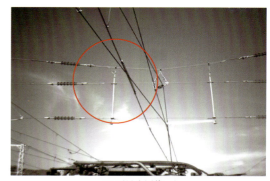

(a) 红外图像　　　　　　　　　　　(b) 可见光图像

图4.44　线岔限制管发热

3. 回流接地

3C装置预警信息显示某普速铁路隧道壁接地线检出温度异常,连续多帧红外图像显示的最高温度均为隧道内的架空地线,最高温度60 ℃,如图4.45所示。

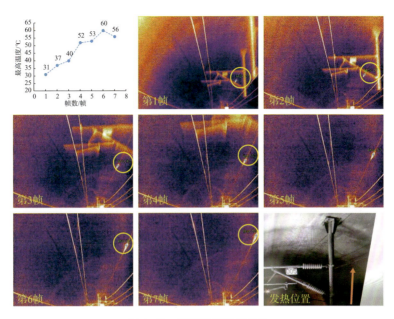

图 4.45 隧道壁接地线发热

现场检查发现为隧道内架空地线并沟线夹锈蚀导致电阻增大引起发热。进一步检查发现，该隧道内架空地线集中接地处所接地电阻不达标，架空地线上感应电流不能均衡通过集中接地装置回流，造成大部分电流汇集到隧道口的接地极引入地下，并发现其中一隧道壁上固定架空地线的地线卡子可能与隧道内钢筋相连，感应电流从地线卡子通过钢筋网流入大地，造成此处地线卡子温度异常，达 138.5 ℃，如图 4.46 所示。

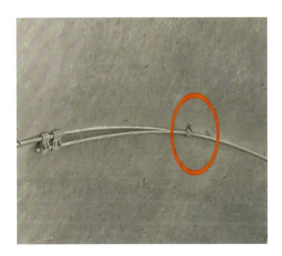

图 4.46 隧道壁地线卡子

4.3.4 零部件非正常状态典型案例

零部件非正常状态检测与识别不属于 3C 装置的主要功能，因此，依靠 3C 装置能够识别的项目相当有限,对于大多数零部件的非正常状态检测与识别应依靠4C装置实现。

1. 吊弦异常

3C装置报警信息显示某普速铁路存在一处吊弦状态异常报警,依据问题频发零部件分析方法,发现跨内第1根吊弦接触线端导流环与吊弦线夹连接处出现断裂,如图4.47所示。

图4.47　吊弦导流环断裂

融合分析1C检测波形显示,该位置未出现明显高差,受电弓过渡平缓,但分析视频受电弓通过时吊弦出现明显不受力现象,如图4.48所示。现场复核确认吊弦从导流环处断裂,立即对吊弦进行更换处理。

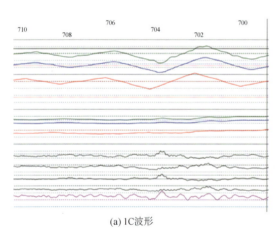

(a) 1C波形

(b) 1C视频

图4.48　吊弦导流环断裂位置的1C检测数据

2. 定位装置异常

图4.49所示为3C装置预警信息显示某高速铁路一处定位器的防风拉线缺失。图4.50所示为3C装置预警信息显示某高速铁路一处定位器等电位连接线松脱。

图 4.49　防风拉线缺失

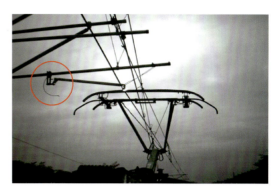
图 4.50　等电位连接线松脱

图 4.51　承力索断股

3. 承力索异常

图 4.51 所示为 3C 装置预警信息显示某高速铁路一处承力索出现断股现象,图 4.52 所示为 3C 装置预警信息显示某高速铁路一处支柱间承力索等电位连接线有断股现象。

4. 分段绝缘器异常

图 4.53 所示为 3C 装置预警信息显示某高速场内一处分段绝缘器拉出值为 279 mm,严重偏离受电弓中心线,图 4.54 为 3C 装置预警信息显示某高速场内一处分段绝缘器消弧角缺失。

图 4.52　承力索等电位连接线断股

供电6C系统数据分析技术

图 4.53　分段绝缘器偏移

图 4.54　分段绝缘器消弧角缺失

4.3.5　受电弓状态异常典型案例

综合应用 3C 装置检测信息不仅可以分析接触网设备，同时也可用于分析受电弓的异常状态，开展供电、车辆专业连控工作。

我国拥有 CRH 和谐号和 CR 复兴号两个系列的动车组平台，8 编组动车组有 2 架受电弓，运行中升起 1 架受流工作；16 编组动车组有 4 架受电弓，运行中升起 2 架受流工作。按照动车组操作规程，运行中除遇到异物打弓、弓网故障等特殊情况，不进行受电弓更换。根据上述运用管理特点，对 3C 装置记录的 900 余条异常升降弓数据信息进行多角度分析。

图 4.55 所示为 3C 装置受电弓异常升降弓信息车辆分布图。异常升降弓情况发生在 275 km/h～300 km/h 速度区段占比高，约为 50%，不符合动车组运用要求，可判断为异常状态。

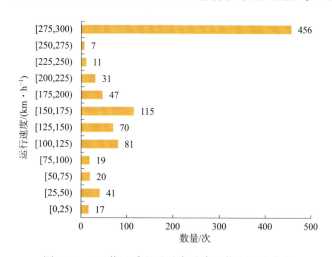

图 4.55　3C 装置受电弓异常升降弓信息速度分布

图 4.56 所示为 3C 装置受电弓异常升降弓信息车辆分布图。某型动车组的数据较为集中，为 464 次，同时通过核对基础资料及图像信息，确认该车型发生异常降弓的受电弓均为该型。

通过查看 3C 装置全部图像数据，确认上述 312 次异常升降弓均为运行中的非工作受电弓。对 312 次非工作受电弓异常升弓数据信息的发生位置进行统计分析，发现在隧道内为

图 4.56 3C 装置受电弓异常升降弓信息车辆分布

252 次,其余 60 次位于隧道出入口,大于 275 km/h 的速度为 307 次。图 4.57 所示为非工作受电弓隧道内异常升起。

3C 温度监测发现某动车段配属的 11 辆××型动车组受电弓左右侧碳滑板电连接与受电弓弓头水平支撑螺栓处均存在发热现象。图 4.58 所示为 3C 温度预警监测到受电弓弓头水平支撑螺栓处发热的红外图像。

 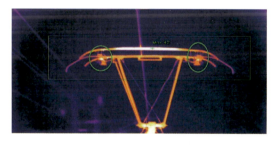

图 4.57 非工作受电弓隧道内异常升起　　　图 4.58 受电弓弓头水平支撑螺栓处发热

动车段对动车组发热位置进行排查,确认为受电弓弓头软连线连接螺栓锈蚀,导电不畅,拆除受电弓弓头软连线,对连接处进行清洁并涂抹导电脂,重新安装到位并按要求施加扭力,发热问题得到及时解决,避免了问题的进一步扩大。图 4.59 所示为受电弓电流导向图。

图 4.59 受电弓电流导向图

第5章　4C装置检测数据分析

4C装置安装在接触网检测车、作业车或其他专用轨道车辆上,对接触网的零部件实施成像检测,测量接触网的静态几何参数。检测数据由两部分组成,一是对接触网静态几何参数测量,并且在测量期间使用车体姿态补偿装置,所得结果为以轨平面为参考系的结果,为数值类数据;二是对接触网零部件状态的成像检测,通过对各部位零部件多角度的拍摄,发现在长期振动服役状态下有可能产生的松、脱、卡、磨、断现象,为图像类数据。按照接触网维修规则要求,高速4C检测周期为3个月,普速4C检测周期为6个月。

5.1 几何参数检测数据

5.1.1 分析依据

电气化铁路生命周期的不同阶段,接触网静态几何参数均采用局部缺陷诊断与区段质量评价结合的方式对其进行分析与评价,评价依据略有不同。

1. 局部缺陷诊断

接触网静态几何参数局部缺陷诊断主要用于评价接触网施工、维护质量,以静态拉出值、静态接触线高度、两相邻定位点接触线高差、两相邻吊弦点接触线高差检测值为依据,评价接触网的静态几何参数是否满足设计标准要求。新建电气化铁路接触网静态检测,其目的是在设备安装调试完毕后确认其安装状态与设计的一致性,评价标准参见《高速铁路电力牵引供电工程施工质量验收标准》(TB 10758)和《铁路电力牵引供电工程施工质量验收标准》(TB 10421)。

运营维修期间根据高速维规、普速维规质量鉴定的要求调整接触网静态几何参数,恢复接触网标准状态,通过静态检测方式对接触网几何参数状态按照标准值、警示值、限界值界定设备状态,划分缺陷等级,为设备维修提供依据。

2. 综合质量评价

接触网拉出值不满足设计要求,可能会危及行车安全,影响接触网系统受流,进而影响接触网寿命;接触线高度平顺性不良,会直接导致弓网受流性能不佳,因此需要对接触网拉出值与其目标值之间的差异程度和接触线高度的平顺性两个方面作出度量。接触网静态质量指数(CQI)量化描述接触网质量状态,表征接触网结构空间静态几何位置偏离设计的程度,对接触网区段质量状态进行定量描述,其值适用于新建电气化铁路联调联试、运营维修(三级修)等场景。对接触网静态质量的评价,可直接指导施工单位及运营单位对接触网设备进行精确调整。

接触网静态质量评价方法按照接触网的固有结构划分评价单元。评价单元为一个锚段、或一个关节式电分相、或一个线岔。通过对拉出值偏离目标值的距离、定位点处接触线高度偏离目标值的距离、定位点处接触线高度的平顺程度、跨内接触线高度的平顺程度进行计算,构建综合评价指标CQI,评价接触网静态质量。

高速铁路与普速铁路 CQI 管理值见表 5.1。

表 5.1 CQI 管理值

线路类型	CQI 管理值
高速铁路	20
普速铁路	40

5.1.2　分析方法

1. 阈值管理分析

局部缺陷诊断主要采用阈值管理分析，新建电气化铁路接触网静态验收时对拉出值、接触线高度、相邻定位点高差、相邻吊弦点高差等接触网静态几何参数按设计值进行阈值管理；运营管理对维修后的拉出值、接触线高度按照标准状态、一级、二级缺陷进行阈值管理，对超过阈值的缺陷进行维修整改，使其满足设计标准或恢复到标准状态，保证接触网状态的可靠性。

图 5.1、图 5.2 所示为静态拉出值、接触线高度超过阈值管理波形，可在 wave 软件中根据局部缺陷诊断需要设置一级、二级缺陷或者警示值、限界值的阈值线，对超过阈值线的缺陷位置进行标记。

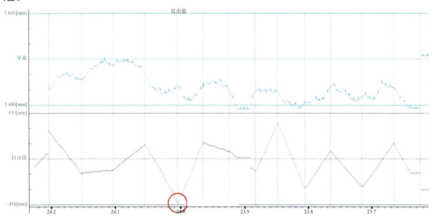

图 5.1　拉出值超过阈值波形

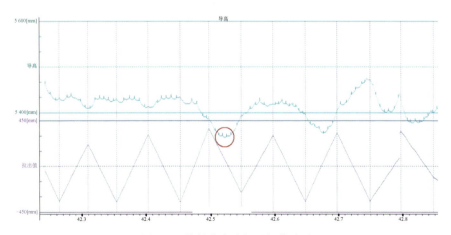

图 5.2　接触线高度超过阈值波形

2. 重复对比分析

接触网是牵引供电系统较为薄弱的设备,暴露在环境中可能受到气候、天气变化等外界环境的影响,导致设备老化、故障进而影响接触网静态几何参数发生变化;此外,路基沉降、轨道高低不平顺等也可能导致接触网几何参数发生变化,因此有必要基于多次检测数据进行静态几何参数对比分析,掌握设备状态变化规律。图5.3所示为某高速铁路路桥过渡区段接触网静态几何参数变化波形对比,由于工务施工导致静态接触线高度发生变化。

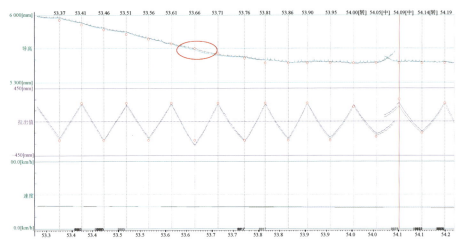

图5.3　路桥过渡区段接触网静态几何参数变化波形对比

此外,通过对比分析可评价接触网维修效果。图5.4所示为某高速铁路接触网维修前后静态几何参数波形对比,通过对比分析并参考设计值,可对维修效果进行评价。

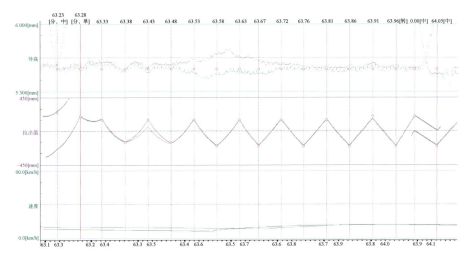

图5.4　维修前后接触网静态几何参数波形对比

3. 图形化分析

图形化是对检测数据的一种处理方法,通过对检测数据的图形化处理,可以更直观地分析数据的空间、时间分布情况、统计规律及变化趋势,便于掌握设备的运行状态及变化规律。

图 5.5 所示为某高速铁路接触网静态几何参数分布,可以直观地分析静态几何参数的分布情况,对超过阈值的点进行定位,提出整治建议。图 5.6 所示为该高速铁路接触网维修前后 CQI 对比,分析接触网质量的同时评价维修效果。

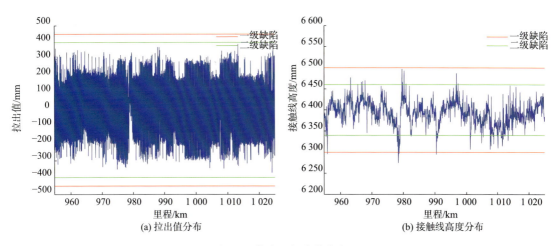

图 5.5 静态几何参数分布

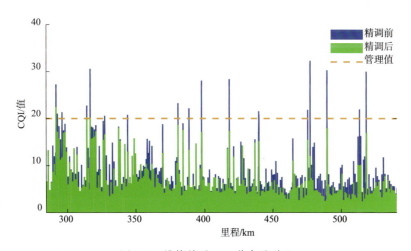

图 5.6 维修前后 CQI 分布及对比

4. 数据融合分析

通过支柱、锚段关节等特殊位置的数据特征提取,自动对齐 4C 接触网静态几何参数检测数据与 1C 接触网动态几何参数检测数据,获得包含定位点及跨中各位置接触线抬升量连续值,实现接触线连续抬升量的统计分析。

图 5.7 所示为某高速铁路接触线抬升量计算结果。图 5.8 所示为该高速铁路接触线抬升量沿里程的分布情况,图中蓝色标记为接触线抬升量大于 120 mm 的处所,红色标记为接触线抬升量大于 120 mm 且位于等高点前后两跨内的处所。通过 1C、4C 数据融合分析,能够找出接触线抬升量较大的位置进行维修调整;同时可通过数据统计分析掌握接触线抬升量的分布规律,全面评价接触网运行状态及弓网受流性能。

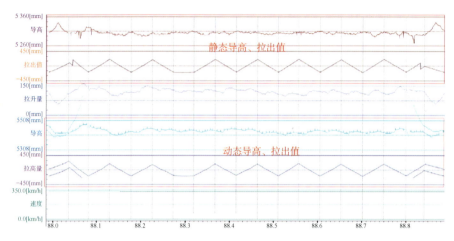

图 5.7　接触线抬升量计算结果

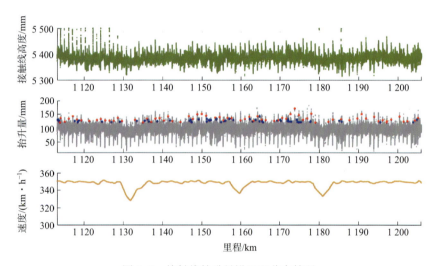

图 5.8　接触线抬升量沿里程分布情况

5.1.3　典型案例剖析

5.1.3.1　局部缺陷诊断典型案例

1. 安装参数不达标

图 5.9 所示为某高速铁路静态拉出值缺陷波形,其中灰色为初测波形,蓝色为复测波形。初测时圆圈位置 3 处接触线拉出值初测值与设计值偏差较大,拉出值超出了 ±30 mm 允许误差要求。由于偏差值小于 100 mm,施工整治通过调整定位器定位支座在定位管上的安装位置,使拉出值达到施工允许偏差范围内。

图 5.10 所示为某高速铁路静态接触线高度缺陷波形,灰色为初测波形,蓝色为复测波形。初测时方框内 6 跨范围接触线高度偏离设计高度较大,接触线高度超出了 ±30mm 允许误差要求。施工整治通过调整套管双耳在平腕臂上的安装位置,使接触线高度降低至施工允许偏差范围内。

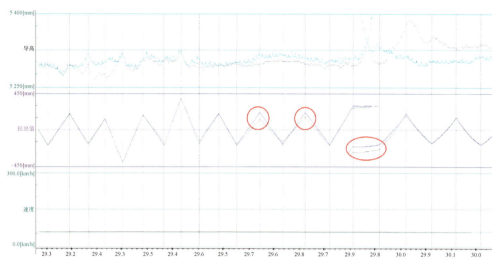

图 5.9　某高速铁路静态拉出值缺陷波形

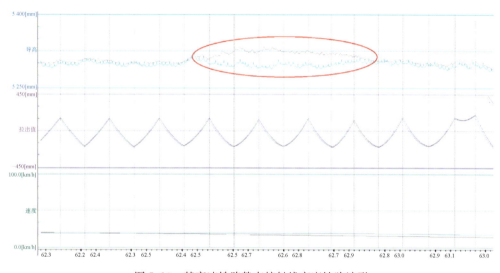

图 5.10　某高速铁路静态接触线高度缺陷波形

图 5.11 所示为某高速铁路吊弦处接触线高度缺陷波形,灰色为初测波形,蓝色为复测波形。初测时圆圈内接触线高度偏离设计高度较大,接触线高度超出了 ±30 mm 允许误差要求。缺陷位置位于跨中,应为吊弦预制尺寸有误,导致跨内多处吊弦处接触线高度显著偏离设计值。施工整治通过更换吊弦,使吊弦处接触线高度降低,接触线平顺性满足施工允许误差要求。

图 5.12 所示为某高速铁路相邻定位点高差缺陷波形,灰色为初测波形,蓝色为复测波形。图中圆圈位置处于直线区段,初测时缺陷所在跨左侧定位点接触线高度偏低,右侧支柱定位点接触线高度偏高,相邻定位点高差超出了 ±20 mm 允许误差要求。施工整治对左侧支柱位置接触线高度进行抬高,右侧支柱位置接触线高度进行降低,接触线平顺性满足要求。

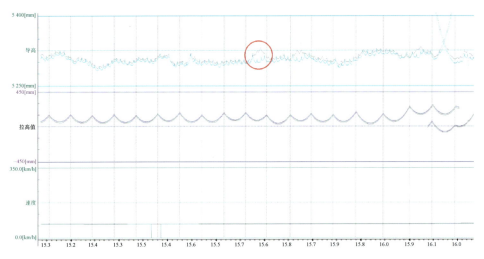

图 5.11　某高速铁路吊弦处接触线高度缺陷波形

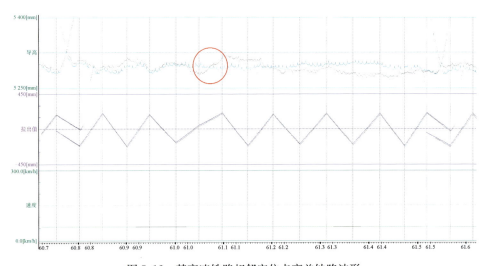

图 5.12　某高速铁路相邻定位点高差缺陷波形

图 5.13 所示为某高速铁路吊弦点接触线高差缺陷波形,灰色为初测波形,蓝色为复测波形。图中红色圆圈缺陷位置处于五跨锚段关节沿线路行车方向的外转换柱附近,为弹性吊索吊弦与第二根吊弦之间出现的接触线高差,与整体高度相比,第二根吊弦处接触线高度偏低,相邻吊弦点接触线高差超出了±10 mm 允许误差要求。缺陷原因为第二根吊弦预制尺寸出现偏差或装配错误。施工整治对缺陷位置吊弦进行更换,接触线高度满足误差要求。

图 5.14 所示为某高速铁路联调联试静态检测采用阈值管理分析出定位点缺陷波形,该定位点高度显著高于设计值。图 5.15 所示为定位点接触线高度缺陷位置视频图像,显示缺陷位置位于隧道超挖区段,隧道净空相对其他区段显著增大,接触网吊柱型号未加长,造成定位点接触线高度显著高于设计值。

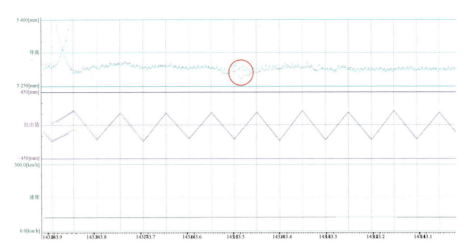

图 5.13 某高速铁路相邻吊弦点接触线高差缺陷波形

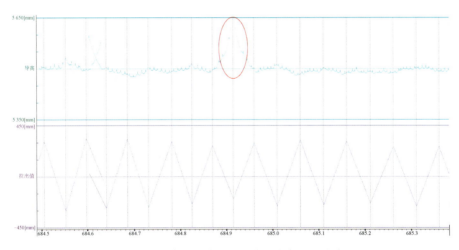

图 5.14 某高速铁路定位点接触线高度缺陷波形

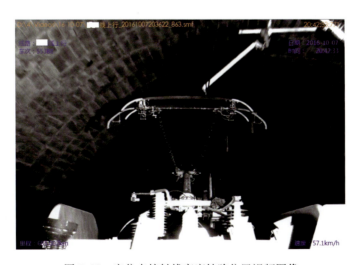

图 5.15 定位点接触线高度缺陷位置视频图像

2. 接触线不平顺

图 5.16 所示为某高速铁路联调联试接触网静态几何参数检测波形,接触线静态最低高度为 5 346 mm,且区段平顺性较差,采用阈值管理分析接触线高差连续超出了 ±30 mm 允许误差要求。施工整治对区段内接触线高度进行调整,使接触线平顺性满足要求。

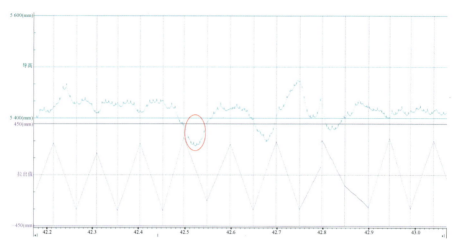

图 5.16　某高速铁路接触网静态几何参数检测波形

3. 弓网受流性能较差

图 5.17 所示为采用数据融合分析出某简单链形悬挂高速铁路接触线抬升量缺陷波形图。融合 1C 动态检测和 4C 静态检测数据发现图中圆圈位置接触线抬升量超过 120 mm,超出该速度级接触线抬升量阈值管理要求,缺陷位置处于五跨锚段关节等高点后的转换跨内。

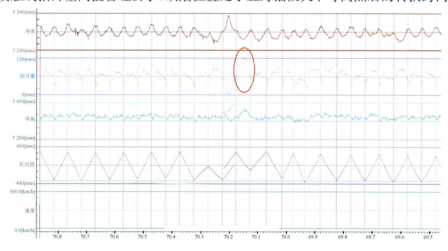

图 5.17　某简单链形悬挂高速铁路接触线抬升量缺陷波形

4. 运行参数变化

某高速铁路在对比接触网日常静态检测数据时发现一锚段关节位置工作支接触线拉出值存在持续变化,拉长对比周期发现该位置在三年半时间内拉出值由正 250 mm 逐渐变化为负 28 mm。图 5.18 所示为拉出值持续变化波形对比。

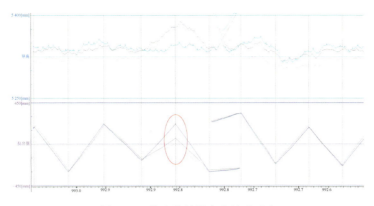

图 5.18 拉出值持续变化波形对比

拉出值虽未超过缺陷阈值,但数值持续变化说明设备状态存在动态变化过程,反映安装状态可能存在松、脱、位移。该拉出值持续变化经现场检查确认为支柱基础位移所致,如不及时得到整治,可能发展成为重大事故。采用重复性对比分析历史检测数据能够发现设备的微观变化,总结变化趋势。图 5.19 所示为接触网支柱基础位移。

图 5.19 接触网支柱基础位移

5.1.3.2 区段质量评价典型案例

图 5.20 所示为某高速铁路联调联试接触网锚段单元整治前后波形对比,灰色为初测波形,蓝色为复测波形,红色圆圈为设计值。该单元为一个锚段,单元 CQI 由调整前 21.7 下降为调整后的 5.9。调整前单元内接触线高度均显著偏离设计值,两处拉出值偏离设计值较大,整治后拉出值和接触线高度均符合设计值要求,接触线平顺性显著改善。表 5.2 为整治前后 CQI 及各分量变化表,整治前的拉出值分量和接触线高度分量是导致 CQI 偏大的主要原因,整治后拉出值分量(CQI_S)由 40.5 下降为 2.1,接触线高度分量(CQI_H)由 28.3 下降为 0。

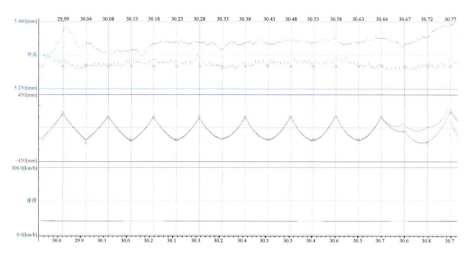

图 5.20　某高速铁路接触网锚段单元整治前后波形对比

表 5.2　某高速铁路接触网锚段单元整治前后 CQI 及其分量变化

对比周期	CQI_S	CQI_H	CQI_D	$CQI_{H\sigma}$	CQI
精调前	40.5	28.3	19.7	10.5	21.7
精调后	2.1	0.0	12.4	4.4	5.9

图 5.21 所示为某高速铁路接触网精测精修锚段单元整治前后波形对比,灰色为修前波形,蓝色为修后波形,红色圆圈为设计值。该单元为一个锚段,单元 CQI 由修前 12.6 下降为修后的 8.1。修前单元内接触线高度平顺性差,存在多处拉出值偏离设计值较大,修后接触线高度均符合设计值要求,接触线平顺性显著改善,但仍存在个别拉出值偏移设计值较大。表 5.3 为维修前后 CQI 及各分量变化表,修前的拉出值分量和接触线高度分量是导致 CQI 偏大的主要原因,修后接触线平顺性显著改善,接触线高度分量(CQI_H)由 5.8 下降为 0,定位点接触线高度的平顺程度(CQI_D)分量由 12.1 下降为 6.4,拉出值分量(CQI_S)由 32.2 下降为 26,由于修后仍然存在个别拉出值偏移设计值较大,因此修后的拉出值分量(CQI_S)值仍然较大。

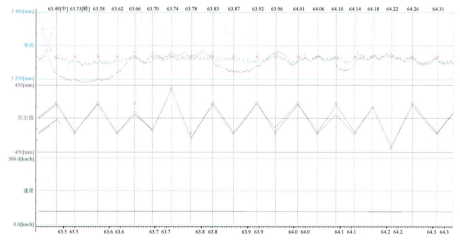

图 5.21　某高速铁路接触网锚段单元整治前后波形对比

表 5.3　某高速铁路接触网锚段单元整治前后 CQI 及其分量变化

对比周期	CQI_S	CQI_H	CQI_D	$CQI_{H\sigma}$	CQI
精调前	32.2	5.8	12.1	6.5	12.6
精调后	26.0	0.0	6.4	4.6	8.1

由以上 CQI 应用案例可知，CQI 能够定量反映接触网静态质量，且各分量大小能够反映接触网几何参数偏离设计值的程度。通过 CQI 能够发现静态质量较差的单元，并依据各分量大小能够找出引起单元 CQI 偏大的原因，为维修提供数据支持。

5.2　图像检测数据

5.2.1　分析依据

依据高速维规、普速维规中的接触网维修技术标准，并根据 4C 装置图像检测数据特点进行分析。

5.2.2　分析方法

4C 装置图像检测数据主要用于表征接触网设备的外观状态，是判别、诊断接触网零部件"缺、松、脱、卡、断、磨"的主要手段。结合 4C 图像检测数据特点，采用模块分析法对数据所表征的零部件状态进行遍历式逐一分析，通过对标数据分析依据，判断接触网整体设备状态；也可采用专项分析，对特定的区域或零部件进行快速分析，判断特定区域或零部件的状态；同时，为追溯缺陷发生的时间和成因，可采用对比分析、数据融合分析等方式，结合分析人员经验最后形成原因判断。

5.2.2.1　模块分析

模块分析是由分析人员运用相应的分析工具，对每一根支柱、每一张 4C 检测图像进行逐个判读，及时发现存在的设备隐患。每根接触网支柱由多张 4C 图像组成，为便于分析，根据接触网设备分区检修习惯将每根接触网支柱的分析内容划分为支持装置、定位装置、支柱及附加悬挂、棘轮(补偿装置)、接触悬挂五大模块，具体分析项点如下：

1. 支持装置

支持装置关键分析项点，主要按图 5.22 所示的 10 个步骤开展分析，分析流程见表 5.4。

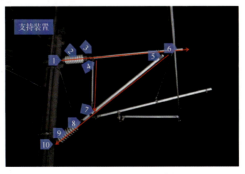

图 5.22　支持装置关键分析项点

表 5.4 支持装置分析流程

项 点	分析要点	项点示意
1	检查平腕臂底座销钉开口销是否缺失或掰开到位,竖向销钉穿向是否正确	
2	检查平腕臂绝缘子是否有裂纹、破损、烧伤、剥釉和严重脏污现象	
3	检查平腕臂铁模压板是否牢固,U形螺栓螺母有无松动、缺失	
4	检查平腕臂套管单耳、斜撑双耳套筒是否牢固或有裂纹;检查顶紧螺栓、副螺母、U形螺栓螺母有无松动、缺失;检查销钉开口销是否缺失或掰开到位	
5	检查腕臂连接器是否牢固或有裂纹,连接螺栓螺母有无松动、缺失;检查顶紧螺栓、副螺母有无松动、缺失;检查斜腕臂管帽有无缺失、破损	

续上表

项 点	分析要点	项点示意
6	检查承力索座是否牢固或有裂纹,承力索护线条是否缺失或安装正确;检查定位管吊线钩是否变形或有裂纹。检查顶紧螺栓、副螺母有无松动、缺失;检查定位管吊线回头是否入槽;检查平腕臂管帽有无缺失、破损	
7	检查斜腕臂套管单耳、斜撑双耳套筒、旋转双耳是否牢固或有裂纹;检查顶紧螺栓、副螺母、U形螺栓螺母有无松动、缺失;检查销钉开口销是否缺失、是否掰开到位	
8	检查斜腕臂铁帽压板是否牢固,U形螺栓螺母有无松动、缺失	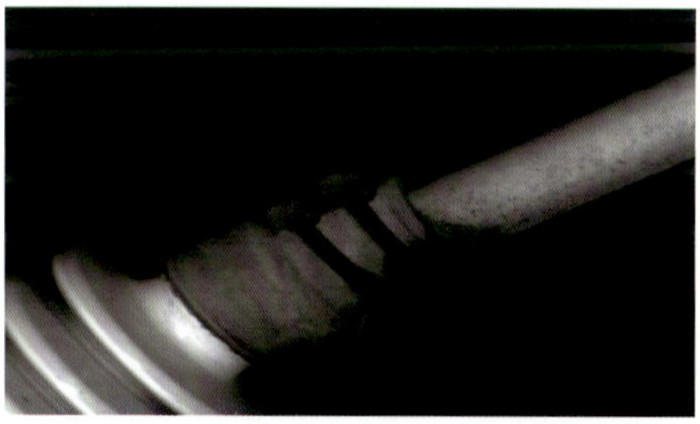
9	检查斜腕臂绝缘子是否有裂纹、破损、烧伤、剥釉和严重脏污现象	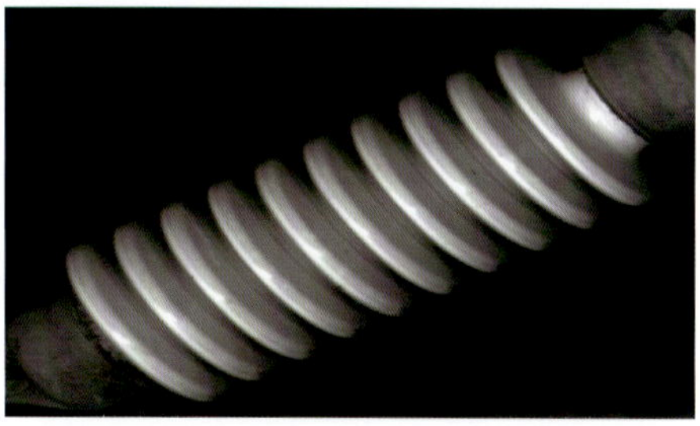
10	检查斜腕臂底座销钉开口销是否缺失、是否掰开到位,竖向销钉穿向是否正确	

113

2. 定位装置

定位装置关键分析项点,主要按图5.23所示的7个步骤开展分析,分析流程见表5.5。

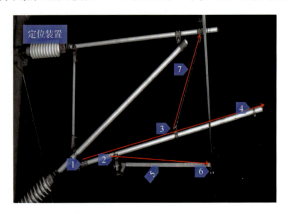

图5.23　定位装置关键分析项点

表5.5　定位装置分析流程

项　点	分析要点	项点示意
1	检查定位管双耳套筒是否牢固或有裂纹;检查顶紧螺栓、副螺母有无松动、缺失	
2	检查定位器底座是否牢固或有裂纹,U形螺栓螺母是否缺失或松动;检查电连接线有无断股、散股、烧伤或其他不良状态;检查等电位连接线固定螺栓螺母是否缺失或松动;检查定位器受力情况及定位止钉间隙是否合规	
3	检查定位管吊线固定钩是否变形或有裂纹,U形螺栓螺母是否缺失或松动;检查定位管吊线回头是否入槽	

续上表

项 点	分析要点	项点示意
4	检查防风拉线定位环是否变形或有裂纹,U形螺栓螺母是否缺失或松动;检查防风拉线整体是否变形,防风拉线穿向及活动余量是否合规;检查定位管管帽有无缺失、破损	
5	检查定位器整体外观是否变形或有裂纹	
6	检查定位线夹是否牢固或有裂纹,定位线夹受力方向是否正确,定位线夹是否入槽;检查定位线夹螺栓螺母是否缺失或松动,U形销钉是否变形或有裂纹,掰开角度是否合规	
7	检查定位管吊线本体有无断股、散股或其他不良状态,定位管吊线是否处于受力状态	

3. 支柱及附加悬挂

支柱及附加悬挂关键分析项点,主要按图 5.24 所示的 6 个步骤开展分析,分析流程见表 5.6。

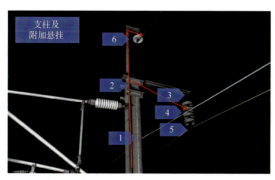

图 5.24 支柱及附加悬挂关键分析项点

表 5.6 支柱及附加悬挂分析流程

项　点	分析要点	项点示意
1	检查 PW 线底座螺栓螺母是否缺失或松动；检查 PW 线整体外观有无断股、散股、烧伤或其他不良状态	
2	检查 AF 线肩架、抱箍连接螺栓螺母是否缺失或松动	
3	检查双耳连接器是否牢固或有裂纹，连接螺栓螺母是否缺失或松动，开口销是否缺失、是否掰开到位	
4	检查绝缘子是否有裂纹、破损、烧伤、剥釉和严重脏污现象；检查 M 销是否安装到位或缺失	
5	检查悬垂线夹是否牢固，U 形螺栓螺母是否缺失或松动，连接螺栓螺母是否缺失或松动，开口销是否缺失、是否掰开到位；检查 AF 线整体外观有无断股、散股、烧伤或其他不良状态	

续上表

项 点	分析要点	项点示意
6	检查双耳连接器是否牢固或有裂纹,连接螺栓螺母是否缺失或松动,开口销是否缺失、是否掰开到位;检查绝缘子是否有裂纹、破损、烧伤、剥釉和严重脏污现象;检查U形螺栓螺母是否缺失或松动;检查架空地线整体外观有无断股、散股、烧伤或其他不良状态	

4. 补偿装置

补偿装置关键分析项点,主要按图5.25所示的4个步骤开展分析,分析流程见表5.7。

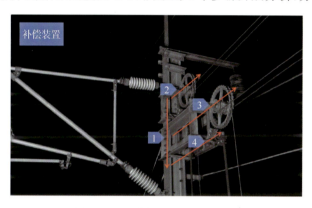

图5.25 补偿装置关键分析项点

表5.7 补偿装置分析流程

项 点	分析要点	项点示意
1	检查承力索、接触线下锚棘轮支架各部连接螺栓螺母是否缺失或松动	
2	检查承力索下锚棘轮整体外观是否有裂纹、破损、变形或偏移;检查制动卡块是否有足够间隙;检查补偿绳是否有偏磨、交叉、松股、断股、接头	

续上表

项　点	分析要点	项点示意
3	检查接触线下锚棘轮整体外观是否有裂纹、破损、变形或偏移；检查制动卡块是否有足够间隙；检查补偿绳是否有偏磨、交叉、鼓包、断股、接头	
4	检查接触线下锚连接轴底部螺栓是否缺失或松动，检查开口销是否缺失、是否掰开到位；检查限制管及卡箍是否有裂纹、破损；检查螺栓螺母是否缺失或松动；检查限制管螺母有无缺失、破损	

5. 接触悬挂

接触悬挂，主要是对吊弦、电连接、中心锚结等关键分析项点，分别按图5.26所示的3个步骤开展分析，分析流程见表5.8。

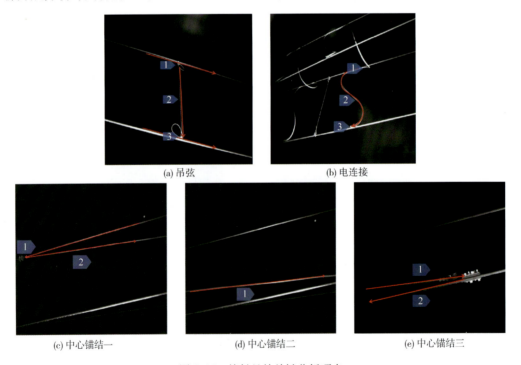

(a) 吊弦　　　　　　　　　　(b) 电连接

(c) 中心锚结一　　(d) 中心锚结二　　(e) 中心锚结三

图 5.26　接触悬挂关键分析项点

表 5.8　接触悬挂装置分析流程

项　点	分析要点	项点示意
1	检查承力索吊弦线夹是否压接到位,有无偏移,线夹螺母是否紧固,U形插销露头是否符合标准;检查载流环、承力索是否有散股、断股、烧伤或其他不良状态	
2	检查吊弦本体是否有散股、断股、烧伤或其他不良状态;检查吊弦是否偏移过大	
3	检查接触线吊弦线夹是否压接到位,有无偏移或未入槽,线夹螺母是否紧固;检查载流环是否有散股、断股、烧伤或其他不良状态	
4	检查电连接线夹与承力索连接是否牢固,是否压接到位;检查电连接线露头是否符合标准,线夹内有无异物	
5	检查电连线本体是否有散股、断股、烧伤现象,是否有接头或其他不良状态	

续上表

项　点	分析要点	项点示意
6	检查电连接线夹与接触线连接是否牢固，是否压接到位；检查电连接线、U形销露头是否符合标准，线夹内有无异物，电连接线弛度是否合规	
7	检查承力索中心锚结线夹是否松动，有无偏移、开裂、破损、变形、锈蚀，线索是否入槽，螺栓有无紧固到位、缺失、变形、开裂及其他不良情况	
8	检查中心锚结绳本体是否有松弛、过紧、散股、断股、烧伤及其他不良状态	
9	检查接触线中心锚结线夹是否有无偏移、未入槽、开裂、破损、变形、锈蚀，线夹螺栓是否紧固到位、是否缺失及其他不良状态	

5.2.2.2　专项分析

模块分析是一种全面且精度较高的分析方法，但由于图像数据较多，其分析速度较慢，耗时较长，对于季节性、关键性问题的分析响应速度不够。根据接触网维规，在4C定期检测完成后，全面分析应在20日内完成，而季节性、关键性问题的分析应在3日内完成。因此，针对季节性、关键性问题可采用专项分析法，针对近期发现的典型缺陷部件或可能存在安全隐患的部件，如定位环、补偿装置、吊弦等。

某供电段管内高速铁路接触网发生一起定位环安装方向错误,导致定位管从定位环中脱出事故。为避免同类问题再次发生,该供电段组织开展了一次针对定位环安装方向的专项排查。图 5.27 所示为定位环安装方向错误。

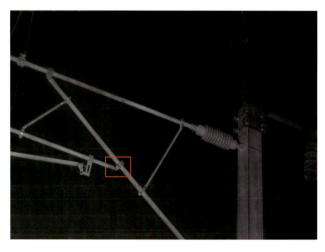

图 5.27　定位环方向安装错误

5.2.2.3　对比分析

对比分析法是 4C 图像检测数据分析的重要方式,通过对比同一支柱、同一零部件在不同时间的 4C 图像检测数据,发现设备状态的演化过程。运用该方法,一是能够对缺陷的发展进程进行详细分析,判断缺陷成因;二是能够对设备变化的趋势进行判断,发现一些处于动态变化中的设备缺陷(零部件位移、线索互磨)。

某线路接触网 4C 图像数据分析发现支柱斜腕臂底座螺杆缺失。通过调取前 2 次 4C 图像检测数据,发现该处腕臂底座在前 2 次 4C 检测中螺杆完整且无松脱、滑移的现象,但腕臂底座安装位置进行了调整。后经现场分析,并调阅检修视频,发现该处所螺杆缺失的原因是调整腕臂底座作业后漏装 1 个螺栓。图 5.28 所示为对比分析腕臂底座螺栓缺失。

5.2.2.4　数据融合分析

4C 图像检测数据虽然能直接表征接触网设备外观形态是否良好,但仅基于 4C 图像数据是难以分析判断造成零部件形态变化的原因,需要通过 1C、2C、3C 等其他检测装置的检测数据,以及现场观测数据对故障成因进行综合判断。

5.2.3　典型案例剖析

1. 支持装置

图 5.29 所示为采用模块分析发现腕臂底座销钉穿向错误。销钉穿向错误多发生在新线施工阶段,由安装失误造成,应加强新线开通前的验收检查。图 5.30 所示为采用模块分析发现斜腕臂棒式绝缘子泄水孔安装方向错误。斜腕臂棒式绝缘子泄水孔安装方向错误造成积水,加速斜腕臂锈蚀。

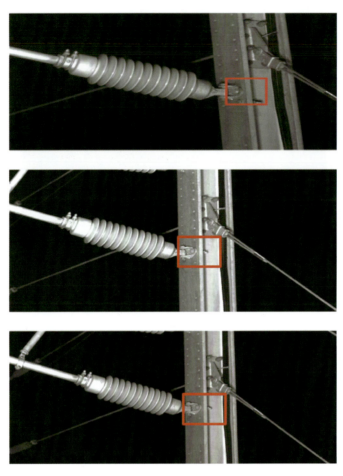

图 5.28 腕臂底座螺栓缺失

图 5.29 腕臂底座销钉穿向错误

图 5.30 斜腕臂棒式绝缘子泄水孔安装方向错误

图 5.31 所示为采用模块分析发现平腕臂棒式绝缘子螺栓销螺母缺失。该螺母缺失可能为施工安装时漏装，也可能为长期振动致螺母松动后掉落，可通过对比历史检测图像排查螺母

缺失原因。

2. 定位装置

图 5.32 所示为采用模块分析发现定位器受压。图像显示定位器定位钩与定位支座后端接触，前端有空隙，可判断定位器处于受压状态。定位器受压严重可能导致定位器折断，碰触受电弓；受行车振动或风摆，定位器频繁振动，加速定位钩与定位支座间的撞击损伤和电腐蚀。针对定位器受压问题可采用专项分析进行集中排查。

图 5.33 所示为采用对比分析发现某高速铁路接触网非支接触线与工支定位管相磨。通

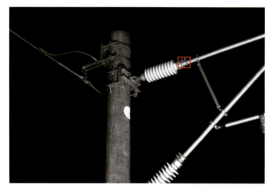

图 5.31 平腕臂棒式绝缘子螺栓销螺母缺失

过不同时期的 4C 图像数据对比分析，能明显发现磨损情况逐步变化的过程，原因为锚段关节内零部件间间距不足，导致非支接触线与定位管相磨。

图 5.32 定位器受压

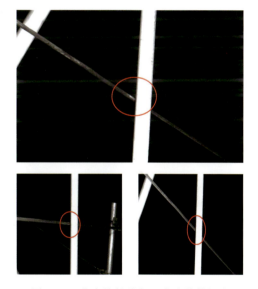

图 5.33 非支接触线与工支定位管相磨

图 5.34 所示为采用对比分析发现某高速铁路关节式电分相中心柱处非支接触线与另一非支定位管相磨。通过不同时期的 4C 图像数据对比分析，该处由有加装起保护作用的绝缘套管到无绝缘套管，磨痕不断加深的演变过程。

图 5.35 所示为采用融合分析定位环位移。4C 图像分析发现某高速铁路接触网支柱处定位环有滑移痕迹，通过对比 2C、4C 图像数据及检修视频，发现是由于施工工艺不到位，定位环安装不紧固，导致运行过程中发生明显位移。

3. 支柱及附加悬挂

图 5.36 所示为采用模块分析发现保护线断股。

■ 供电6C系统数据分析技术

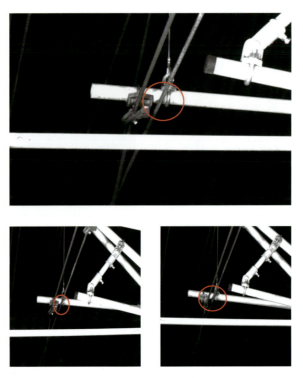

图 5.34　非支接触线与非支定位管相磨

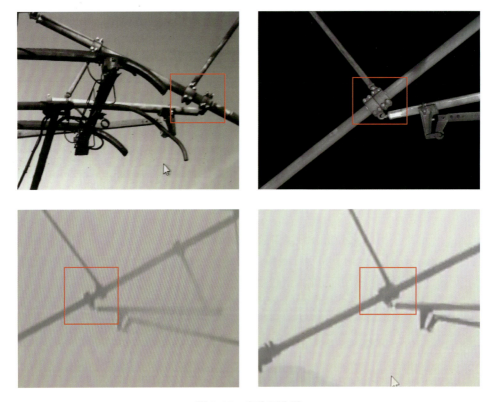

图 5.35　定位环位移

图 5.36 保护线断股

图 5.37 所示为采用模块分析发现加强线杵座鞍子 M 销缺失。可通过对比历史检测图像排查 M 销缺失原因。

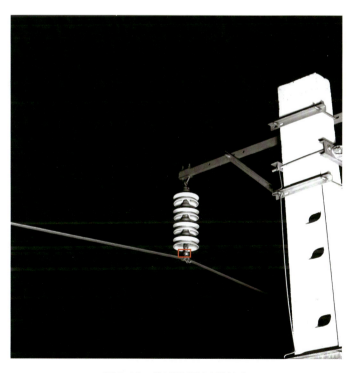

图 5.37 杵座鞍子 M 销缺失

图 5.38 所示为采用模块分析发现柱顶肩架螺栓松动。原因可能为施工安装时螺栓紧固不到位,长期振动致使螺栓松动,可通过对比历史检测图像排查螺栓松动原因。

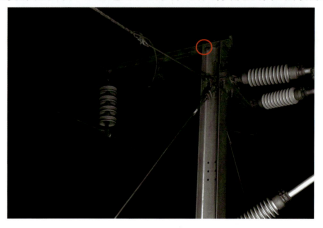

图 5.38　柱顶肩架螺栓松动

4. 补偿装置

补偿装置补偿绳长期处于大张力摩擦运动过程,易疲劳出现损伤、断股、散股、鼓包问题,出现断裂事故影响范围较大,应重点关注。图 5.39 所示为采用专项分析发现补偿装置补偿绳散股。该高速铁路已运营超过 9 年,频繁发现补偿绳断股、散股、鼓包问题,采用专项分析补偿绳问题。

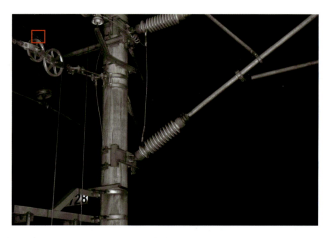

图 5.39　补偿装置补偿绳散股

图 5.40 所示为采用模块分析发现坠砣限制架限制导管螺栓松动。该螺栓松动可能为施工安装紧固不到位,也可能为长期振动致螺栓松动,可通过对比历史检测图像排查螺栓松动原因。

5. 接触悬挂

图 5.41 所示为采用模块分析发现某高速铁路开通初期刚性吊弦尼龙护套松脱缺陷频发,究其原因为前期施工过程中尼龙护套开口销安装不到位,设备运行过程中受持续振动,导致开口销松脱,从而引发尼龙护套脱出。

图 5.40　坠砣限制架限制导管螺栓松动

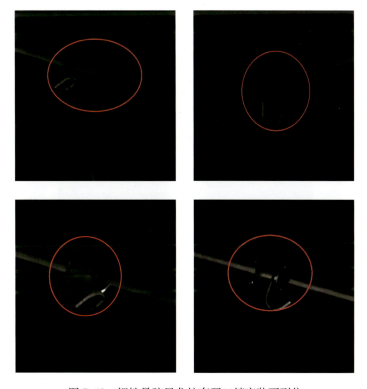

图 5.41　钢性吊弦尼龙护套开口销安装不到位

承力索断股缺陷隐蔽性较高，存在严重安全隐患。某供电段分析室4C图像分析发现承力索断股，为此组织开展了一次针对承力索断股的专项排查，共排查713条公里。图5.42所示为承力索断股。

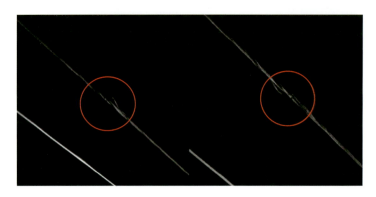

图5.42　承力索断股

图5.43所示为采用模块分析发现接触线硬弯。硬弯位于锚段关节转换柱工作支定位点，硬弯加速接触线磨耗，应及时进行整治。

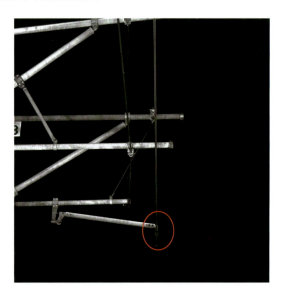

图5.43　接触线硬弯

第 6 章 2C、5C、6C 装置检测监测数据分析

2C 装置是临时安装在运营动车组、电力机车或其他轨道车辆司机室内的便携式检测设备,通过高清成像装置拍摄接触网设施及相关周边环境,判断接触网设备有无明显脱落、断裂等异常情况,自动识别外部环境中危及接触网设备安全运行的危树、鸟窝等。2C 装置检测数据为图像类数据,检测周期一般为 10 天。

5C 装置安装在电气化铁路的车站、车站咽喉区、电力牵引列车出入库区域等处,用于监测受电弓滑板技术状态,反映接触网设备运行状态和弓网配合状态,快速锁定弓网故障范围。5C 装置检测数据为图像类数据,检测周期为实时或定期。

6C 装置是安装在接触网电分相、电分段、隔离开关以及动车所、站场咽喉区、隧道出入口、上跨线桥、大风区段等关键处所的固定式监测装置,用于实时监测接触网振动特性、线索温度、补偿位移、绝缘状态等参数。6C 装置检测数据为数值类和图像类数据,检测周期为实时或定期。

6.1 2C 装置检测数据分析

6.1.1 分析依据

主要依据高速维规、普速维规中的接触网维修技术标准,并根据 2C 装置检测数据特点进行分析。

6.1.2 分析方法

6.1.2.1 分区检查

将 2C 检测数据主要分为 A、B、C 三大区域模块进行分析,如图 6.1 所示。

A 区模块主要包括田野侧区域的外部环境(含危树、临近营业线施工、轻质漂浮物、跨越线、跨线桥、防洪点等)、隧道口 5 m 范围内区域。

B 区模块主要包括支持装置、支柱鸟窝、避雷器和隔离开关及引线、补偿装置、附加悬挂。

C 区模块主要包括接触悬挂(含吊弦、电连接、中心锚结绳等)、定位装置(含定位管、定位器、定位管吊线或定位支撑、防风拉线等)、分段绝缘器。

1. A 区

A 区主要是外部环境区域,宜采取常速数据回放。主要有以下分析项点:

(1)外界树木

一是分析铁路两旁树木、竹子是否侵限;二是分析线路两侧树木倾倒后有无影响供电及行车安全;三是有无明显的异物、漂浮物,如图 6.2 所示。

■ 供电6C系统数据分析技术

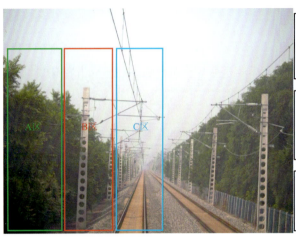

图 6.1　2C检测数据分区示意

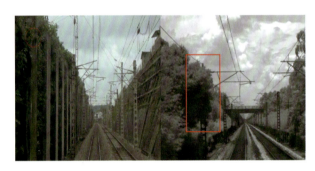

图 6.2　A1区分析项点

（2）路外施工

一是铁路两旁施工点是否属于施工监督范围内或新增施工点；二是施工点是否正在作业中，作业过程是否危及供电、行车安全；三是停止作业时施工点是否有明显漂浮物、薄膜未清理等，如图 6.3 所示。

图 6.3　A2区分析项点

(3)隧道口

一是分析隧道口上方斜坡是否有明显的滑坡状态;二是分析隧道口树木、杂草、爬藤等是否存在侵限情况;三是分析有无明显的异物,单边隧道口另一侧、两隧道间距(含隧道群)小于四个跨的隧道口除外;四是隧道口处承力索包扎绝缘防护套管或护线条是否牢固,如图6.4所示。

图6.4 A3区分析项点

(4)跨线桥、跨越线

一是分析跨越线、跨线桥、安全防护网有无明显的异常,横抛网、竖抛网有无缺失;二是分析跨越桥上有无明显异物、横幅及附属的电力线;三是分析桥上的花草、爬藤有无对供电设备存在安全隐患(跨越单线铁路的跨越桥来车反方向侧除外);四是跨越桥下承力索包扎绝缘防护套管或护线条是否牢固,如图6.5所示。

图6.5 A4区分析项点

2. B区

B区以接触网支撑装置为主,宜采用低倍速数据回放,主要有以下分析项点:

(1)支持装置及支柱

一是分析腕臂各零部件有无明显的"松、脱、断";二是分析有无明显异物挂在设备上;三是支柱、硬横梁上是否有鸟窝,如图6.6所示。

图 6.6　B1 区分析项点

(2) 分相断合标

一是判断分相断合标是否缺失、松动；二是判断分相断合标字迹是否模糊；三是判断分相断合标是否锈蚀严重，如图 6.7 所示。

图 6.7　B2 区分析项点

(3) 附加悬挂

一是附加悬挂是否有明显的设备松脱(含隧道口绝缘护套的状态);二是 AF 线或供电线的绝缘子是否有明显的破损或翻转;三是附加悬挂线索肩架变形或线索从肩架中松动脱出;四是附加悬挂上是否挂有塑料膜等异物,如图 6.8 所示。

图 6.8　B3 区分析项点

(4) 补偿装置

一是重点分析高温季节 b 值有无过小、寒冷季节 a 值有无过小;二是分析补偿装置支架、限制管有无明显松脱、补偿装置坠坨是否偏斜;三是分析棘轮框架里有无鸟窝(声屏障或护栏外 b 值,补偿装置是否卡滞,下锚绝缘子闪络,定位管吊线弛度状态等除外),如图 6.9 所示。

(5) 避雷器装置

一是重点分析线索的弛度情况;二是分析脱扣器是否脱落;三是分析接地引线是否固定

图 6.9　B4 区分析项点

好;四是分析计数器安装状态是否牢固;五是分析底座有无鸟窝(绝缘子是否破损、爆裂等除外),如图 6.10 所示。

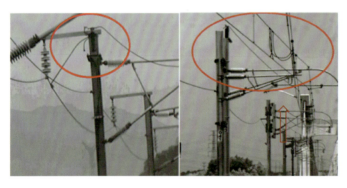

图 6.10　B5 区分析项点

(6)开关装置

一是分析线索弛度状态是否正常;二是上网电缆固定状态是否良好;三是分析开关上有无鸟窝;四是分析隔离开关操作箱、OPU(RTU)箱是否锈蚀、损坏等(上网电缆头、绝缘子的状态,护栏外开关操作箱的状态等除外),如图6.11所示。

图6.11 B6区分析项点

3. C区

C区以接触悬挂、定位装置为主,宜采用0.85倍速数据回放,主要有以下分析项点:

(1)悬挂装置

一是分析吊弦、中心锚结、电连接、弹性吊弦、承力索、接触线弛度状态是否良好;二是吊弦、中心锚结、电连接、弹性吊弦有无明显断股;四是有无异物,如图6.12所示。

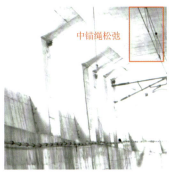 

图6.12 C1区分析项点

(2)定位装置

一是分析定位装置各零部件是否有明显的松脱;二是分析防风拉线是否变形或缺失;三是分析定位管吊线安装角度是否达标、松动或缺失,如图 6.13 所示。

图 6.13　C2 区分析项点

(3)分段绝缘器

一是分析分段绝缘器是否严重偏移线路中心;二是分析分段绝缘器是否有明显的零部件断脱(如消弧角、吊索),如图 6.14 所示。

图 6.14　C3 区分析项点

6.1.2.2　对比分析

通过对不同时段、不同环境下 2C 数据的对比分析,是评判接触网设备运行状态的重要手段。一是可及时发现在不同运行环境下,设备工况的变化情况是否符合标准;二是通过对一定时间段前后数据对比,可评判设备缺陷的演变过程及趋势。三是通过不同角度的数据分析,有效提高缺陷判断的准确性。

1. 诊断接触网设备工作状态

通过对不同运行时段(不同温度环境)的数据进行分析,诊断接触网设备工作状态。补偿装置是否灵活,是否存在卡滞。图 6.15 所示分别为同一日清晨及中午时段在同一补偿装置的 2C 检测数据,可观察到坠坨发生了一定的位移,结合补偿装置安装曲线,可判断该处补偿装置工作正常,无卡滞。

图 6.15　对比不同时间分析诊断补偿装置状态

在正午等高温时段,下锚补偿 b 值过小。图 6.16 所示分别为同一日清晨及中午时段在同一补偿装置的 2C 检测数据,可观察到坠坨在中午高温时段已落地,补偿 b 值为 0,可能严重影响接触网运行安全。

图 6.16　对比不同温度分析诊断补偿装置 b 值

2. 通过历史数据对比,追踪设备缺陷发展状态

(1)通过对一定周期内,中心锚结及两端吊弦状态进行追踪分析,可分析接触线、承力索偏移状态,进而对补偿状态进行诊断。

图 6.17 所示分别为同一中心锚结吊弦的在不同历史时期下的运行状态,可观察到图 6.17 左图中吊弦已出现松弛,随着时间推移及运行环境的变化,右图中吊弦松弛状态加剧,反映出接触线、承力索偏移量不同步,应及时检查补偿装置状态,并核对安装曲线。

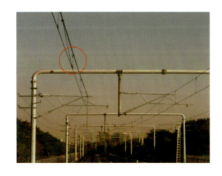

图 6.17　对比历史数据分析诊断导线偏移状态

(2)通过对比历史数据,发现零部件脱落。

图6.18所示分别为同一处所吊弦的在不同历史时期下的运行状态,可观察到右图中吊弦已完全断脱。由于该吊弦已脱落,大概率为吊弦上部折断后,垂落于接触线下方,被通过的动车组受电弓击打后脱落。

图6.18 对比历史数据分析诊断零部件状态

3. 通过对不同角度的数据分析,提高缺陷判断的准确性

(1)通过本线检测邻线的悬挂设备,准确判断零部件的状态(如吊弦、中心锚结)。

图6.19所示分别为本线及邻线不同角度对设备状态的分析,右图可清晰观察到吊弦上部心形环断开。由于本线检测设备与吊弦、接触线、承力索在同一垂直面,检测数据存在不同程度的遮挡,不便于可视分析工作。通过调整检测设备的角度,使检测设备与悬挂设备存在一定角度,便于分析人员快速、准确判断设备状态。

图6.19 对比不同角度分析诊断邻线悬挂设备状态

(2)通过车尾检测本线设备,判断设备状态更全面(如补偿状态)。

图6.20所示分别为本线两个方向对设备状态的分析,左图可清晰观察面对来车方向的设备状态;右图可作为来车方向被遮挡设备的补充分析;因本线分析关节内补偿装置被支柱遮挡无法判断其状态,所以车尾检测分析可与正面分析一致,判断设备的状态更全面。

6.1.2.3 重点区域分析

根据线路季节特点、周边环境、跳闸及故障信息、天气异常等情况安排重点区域的专项分

图 6.20　对比不同方向分析诊断补偿装置状态

析,是快速、高效评判接触网重点设备或重点缺陷的重要手段。一是在极端天气下,线索弛度的变化情况是否符合标准;二是通过季节特点对可能存在的风险开展提前预判;三是针对特殊故障信息对某区段或某处所做好精细化分析。

(1)极端天气(高温、低温、突变)时,诊断线索是否存在过紧、过松或其他状况。

图 6.21~图 6.23 分别为针对线路和季度的特点,极端天气情况时精细化开展重点区域重点设备的专项分析,掌握专项设备的状态及变化规律,提前预判设备存在的安全隐患。图 6.21 为冬天低温天气时,专项检查等电位连接线状态;图 6.22 为夏天高温天气时,专项检查电连接线状态。

图 6.21　低温天气专项诊断等电位连接线状态

图 6.22　高温天气专项诊断电连接线状态

图6.23所示为早晚天气特变(温差较大)时,专项检查电连接线状态。

图6.23　天气特变专项诊断电连接线状态

(2)根据不同的季节特点,开展季节性安全风险开展专项分析,将季节性的外部环境缺陷及时发现、及时处理。

春天雨水充足,树木生长速度较快,图6.24所示为专项分析线路沿线树木是否侵限、影响供电安全。

图6.24　专项分析树木危害

根据线路特点,图6.25所示为按月专项分析鸟害对接触网设备的影响。

图6.25　按月专项分析鸟害

6.1.3 典型案例剖析

1. 外部环境典型案例

图 6.26 所示为运用区域分析法,发现靠近营业线非计划内施工。图 6.27 所示为运用区域分析法,发现补偿装置补偿绳跳槽。

图 6.26　靠近营业线非计划内施工　　　　图 6.27　补偿装置补偿绳跳槽

图 6.28 所示为运用重点区域分析法,发现隧道壁冰凌。低温季节,隧道口、上跨桥下易发生冰凌,可根据季节安排专项检测,重点分析。图 6.29 所示为运用重点区域分析法,暴雨后发现支柱基础塌陷。山区地段、雨季期间可根据天气情况适时安排 2C 加密检测,专项分析基础塌陷问题。

图 6.28　隧道壁冰凌　　　　　　　　　图 6.29　支柱基础塌陷

2. 接触网设备异物典型案例

图 6.30 所示为运用区域分析法,发现接触网支柱上鸟窝。鸟窝已成为引发接触网跳闸次数最多的外界因素,针对鸟窝爆发严重的季节,可采取加密检测,重点分析。图 6.31 所示为运用区域分析法,发现承力索上挂异物。

3. 接触网设备缺陷典型案例

图 6.32 所示为运用区域分析法,发现补偿坠砣与标识牌卡滞。

图 6.30　接触网支柱上鸟窝

图 6.31　承力索上挂异物

图 6.32　补偿坠砣与标识牌卡滞

图 6.33 所示为运用区域分析法,发现腕臂支撑松脱。可通过对比历史检测图像排查腕臂支撑松脱原因。图 6.34 所示为运用重点区域分析法,对某高铁线路电连接安装位置进行专项排查,发现锚段关节缺少 1 组电连接。

图 6.33　腕臂支撑松脱

图 6.34　锚段关节缺少 1 组电连接

图 6.35 所示为运用对比分析法，发现接触网电缆头故障。对比某高铁线路接触网间隔 1 个月的两次 2C 检测数据，发现上网电缆头发生了明显的倾斜，经现场复核，判断为电缆头固定螺栓松脱，导致电缆头安装位置发生偏移。该缺陷进一步发展将导致电缆头接触不良甚至松脱，进而中断接触网正常供电。

图 6.35　接触网电缆头故障

图 6.36 所示为运用对比分析法，发现邻线吊弦缺失。

图 6.36　吊弦缺失

6.2　5C 装置检测数据分析

6.2.1　分析依据

5C 装置可监测受电弓滑板损伤、断裂，受电弓区域异物等，并自动识别所监测受电弓车号,常见缺陷类型见表6.1。

表6.1　5C装置常见缺陷类型

设备类别和部位	缺陷特征	缺陷类型
受电弓滑板	受电弓滑板断裂	断裂
受电弓支架	受电弓部件缺失	缺失
受电弓支架	受电弓变形	变形
受电弓区域	受电弓异物	异物

6.2.2　分析方法

1. 位置分析

位置分析是指按照一定的顺序位置对监测图像进行全覆盖查看,逐位置分析,可采用先整体后局部的方法,首先从整体上对监测图像进行分析,发现受电弓整体有无大的变形、断裂和异物,判断无问题后,再对受电弓滑板进行放大分析,查看有无大的损伤。

2. 对比分析

对比分析是指对同一车号的同一受电弓滑板进行分析。对比受电弓同一位置前后两次检测的变化情况,查看是否有大的击打痕迹、损伤、裂纹等问题。横向对比分析:查看故障车辆受电弓通过各监测点的情况,分析受电弓图像,判断列车在运行过程中受电弓的变化。纵向对比分析:查看监测点处所有列车受电弓通过情况,分析受电弓图像,对比各列车通过监测点受电弓的变化。

6.2.3　典型案例剖析

1. 受电弓滑板典型案例

图6.37所示为采用位置分析发现受电弓滑板变形。图6.38所示为采用位置分析发现受电弓滑板断裂。图6.39所示为采用对比分析发现受电弓滑板损伤。

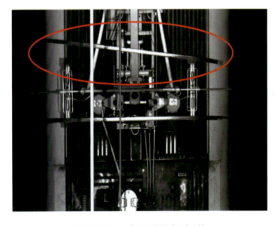

图6.37　受电弓滑板变形

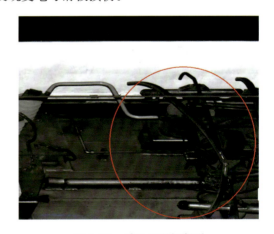

图6.38　受电弓滑板断裂

图 6.39　受电弓碳滑板损伤

2. 受电弓支架典型案例

图 6.40 所示为采用位置分析发现受电弓弓角断裂。图 6.41 所示为采用位置分析发现受电弓平衡杆断裂。图 6.42 所示为采用位置分析发现受电弓支架断裂。

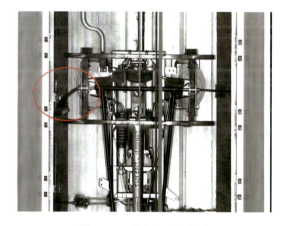　　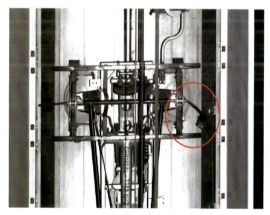

图 6.40　受电弓弓角断裂　　　　　　　　图 6.41　受电弓平衡杆断裂

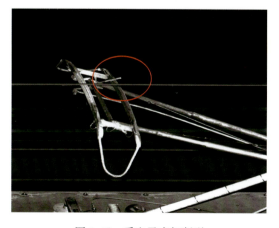

图 6.42　受电弓支架断裂

3. 受电弓异物典型案例

图 6.43 所示为采用位置分析发现受电弓上附着异物。

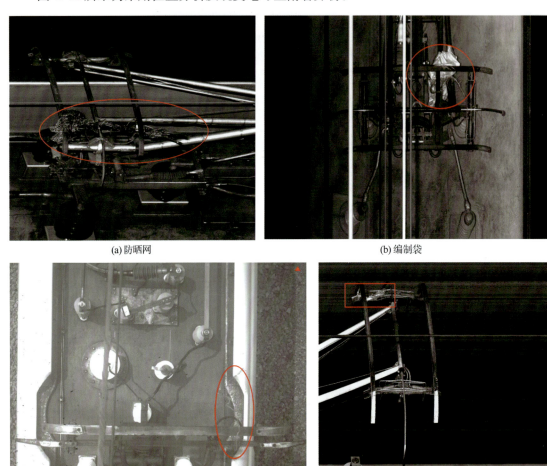

(a) 防晒网 (b) 编制袋

(c) 吊弦 (d) 鸟

图 6.43 受电弓上附着异物

6.3 6C 装置检测数据分析

6.3.1 分析依据

主要依据《电气化铁道接触网绝缘污秽等级标准》(TB/T2007)、高速维规和普速维规中相关规定,结合环境温湿度信息、环境监控视频对监测设备参数检测值进行分析。

6.3.2 分析方法及典型案例

1. 阈值管理分析

通过报警数据进行初步定位,判断预警位置,对实时监测量与阈值进行比较,并结合辅助监测参数和视频监控进行辅助分析,排除外界干扰,判断缺陷等级。阈值综合分析法主要适用于各类参数类监测装置,如接触网绝缘子污秽在线监测装置、接触网定位振动特性监测装置、接触网张力补偿器状态在线监测装置等。

接触网绝缘子污秽在线监测装置检测出泄漏电流多次超过 2.5 mA 重污区-A 下限值,最高预警值达到 3.37 mA,通过现场对照,绝缘子表面被污秽覆盖,符合重污区-A 特征,Ⅱ级。重污区-A 绝缘子泄漏电流检测数据特征和现场照片如图 6.44 所示。

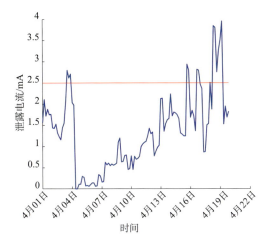 

图 6.44　重污染区-A 绝缘子泄漏电流检测数据特征

接触网张力补偿器状态在线监测装置多次检测出 b 值小于 200 mm,最低报警值达到 101 mm,与张力补偿装置坠砣最低要求差距 99 mm。

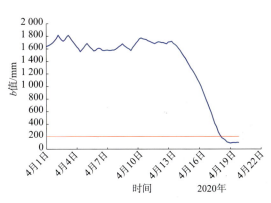 

图 6.45　某张力补偿装置 b 值曲线图

2. 趋势分析

对监测参数的连续变化情况进行分析,借助视频等辅助手段进行设备变化趋势分析。

接触网绝缘子污秽在线监测装置泄漏电流值持续增高,泄漏电流多次超过 3 mA 重污区-A 下限值。现场观测,绝缘子表面逐渐被污秽覆盖,符合重污区-B 特征,Ⅲ级。重污区-B 绝缘子泄漏电流检测数据特征、现场照片及状态变化如图 6.46～图 6.48 所示。

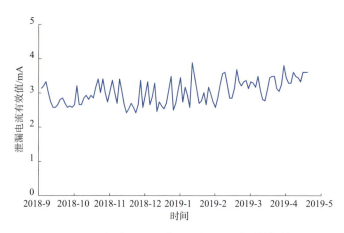

图 6.46　重污染区-B 绝缘子泄漏电流检测数据特征

图 6.47　重污染区-B 绝缘子现场情况

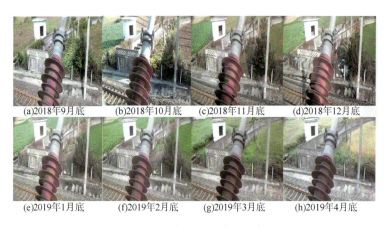

图 6.48　重污染区-B 绝缘子状态变化

3. 数据融合分析

检测装置参数均能反映设备状态的变化，融合 6C 系统各装置检测数据分析，提高数据分析准确性。

接触网张力补偿器状态在线监测装置监测 b 值持续走低，并在同一高度不再发生变化。

融合1C波形和2C图像进行分析,中心锚结位置接触线高度异常抬高,接触力波动较大,出现接触力尖峰值,图6.49所示;2C图像显示中心锚结两侧接触线中心锚结绳、吊弦松弛,图6.50所示,判断补偿装置出现卡滞,现场检查确认接触线棘轮补偿坠砣抱箍与声屏障护角卡滞,图6.51为现场检查和处理后照片。

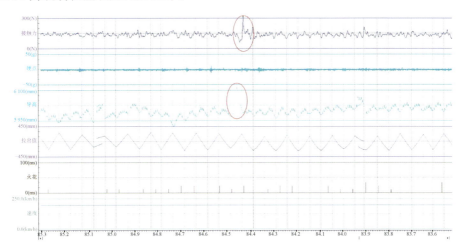

图6.49 1C波形分析中心锚结位置弓网接触力和接触线高度异常

图6.50 2C图像分析中心锚结两侧吊弦与辅助绳松弛

图6.51 现场检查和处理后照片

4. 数据统计分析

通过不断记录监测数据,统计数据分布情况,掌握设备变化规律。

利用接触网定位振动特性监测装置分析抬升量变化。通过过车时接触线抬升量的变化,统计过车时抬升量变化幅度,从而得出抬升量变化的阈值,借此对该定位点振动特性是否异常进行判断。

图 6.52 为某 350 km/h 高速铁路接触网定位点振动特性监测数据。图 6.53、表 6.2 所示分别为不同监测点抬升量分布和统计情况,由分布和统计结果可知,锚段关节附近接触线抬升量较线路其他位置偏大。

(a) 监测图像

1	位置	时间	basepos1	pos1	timestamp
2	1	09:56:50:4	347.6	364.0	256297.4
3	2	09:56:50:4	347.6	364.4	256297.4
4	3	09:56:50:4	347.6	364.0	256297.4
5	4	09:56:50:5	347.6	363.6	256297.4
6	5	09:56:50:5	347.6	363.4	256297.4
7	6	09:56:50:5	347.6	362.1	256297.5
8	7	09:56:50:5	347.6	360.4	256297.5
9	8	09:56:50:5	347.6	358.6	256297.5
10	9	09:56:50:6	347.6	358.5	256297.5
11	10	09:56:50:6	347.6	358.5	256297.5
12	11	09:56:50:6	347.6	358.4	256297.5
13	12	09:56:50:6	347.6	358.1	256297.5
14	13	09:56:50:6	347.6	358.0	256297.5

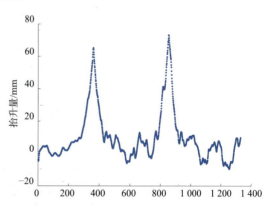

(b) 监测数据

图 6.52 定位点振动特性监测数据

表 6.2 不同监测点抬升量统计

安装位置	350 km/h 速度区段			
	均值/mm	95%分位数/mm	98%分位数/mm	>120 mm 占比/%
锚段关节中心柱	89	136	145	15.93
	71	132	138	8.78
转换柱相邻第一根中间柱	70	109	116	1.04
转换柱相邻第二根中间柱	75	104	111	0.35

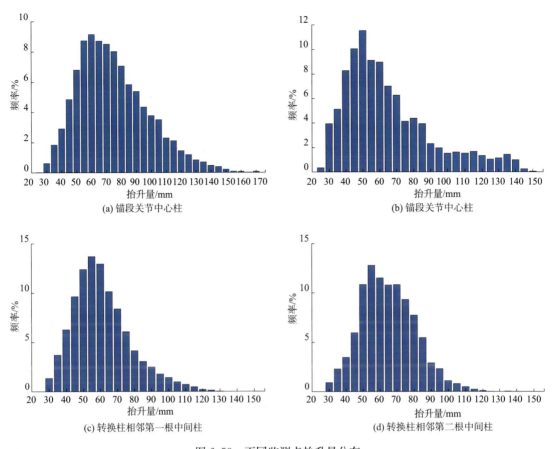

图 6.53 不同监测点抬升量分布

第 7 章　检测监测数据分析方法展望

随着检测监测数据量的逐步增加,仅依靠人工分析等传统方法,势必制约维修生产效率、影响数据价值的高效发挥。在各类数据集中归集与加工的基础之上,利用数据抽取知识,并通过多种途径及时共享,是提升检测监测数据应用水平,实现接触网预防性状态修、精准维修的必由之路。

7.1　设备状态变化识别

6C 系统各装置检测数据分析方法以发现异常值为基础,着重关注数据的变化。通过单项或多项参数的微小变化识别,准确定位设备异常变化处所,可以为尽早开展针对性维修提供支持,有效避免接触网故障及事故。

微小变化识别是基于 1C 或 4C 采集的接触网检测数据,采用特定的数据特征识别算法寻找接触网设备状态发生变化的具体位置的方法。受弓网匹配特性影响,当速度、检测受电弓型号和运行方向等存在差异时,会导致接触网检测数据变化。如何规避运行工况差异造成的影响、准确辨识因设备自身状态不同导致的数据变化,是识别算法要解决的核心问题。

依托检测大数据,微小变化识别算法能够在多种数据分析应用中发挥作用。例如基于接触线高度检测数据,识别中心锚结位置的设备状态是否存在微小变化,以辨别补偿装置是否存在异常。受环境温度变化影响,若补偿装置出现偏磨、卡滞时,会导致中心锚结位置的接触线高度发生异常变化,图 7.1 为 2020 年 11 月～2021 年 1 月某高速铁路补偿装置卡滞锚段实测数据,中心锚结位置的接触线高度随气温降低而逐渐增大。

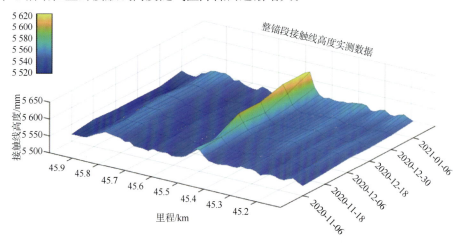

图 7.1　某高速铁路补偿装置卡滞锚段的接触线高度实测数据

若定位器或支柱存在异常但未及时发现时,该定位点处的拉出值会随设备状态劣化而出现变化,严重时可能会导致弓网故障。图7.2为某高速铁路发生支柱倾斜时的拉出值实测数据,异常支柱处的定位点拉出值在2019年1月~2019年5月间持续发生变化,由185 mm逐渐下降至19 mm,但相邻定位点拉出值并无显著变化。在接触网异常状态诊断中,可通过微小变化识别算法监测定位点处的拉出值变化,以便及时做出响应。

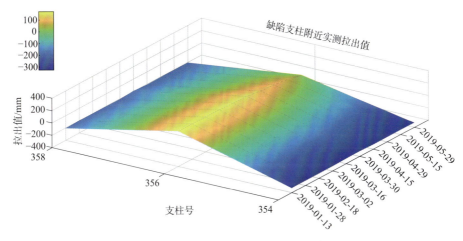

图7.2 某高速铁路发生支柱倾斜时的拉出值实测数据

7.2 图像智能识别

对于2C及4C装置的检测图像,目前大多依赖人工对图像数据进行分析,查找设备问题及隐患。整个分析过程耗时较长,时效性差,有可能导致缺陷从发生到被发现,再到安排天窗处理的间隔时间较长,使得一些缺陷恶化甚至由初期的微小缺陷演变为影响行车安全的重大缺陷。同时,人工分析图像数据对分析人员素质要求较高,需要较为丰富的现场经验,且长时间的人工判断容易出现误判、漏判等问题,导致分析准确率下降。

人工智能中的图像识别技术可有效解决上述问题。随着计算机算力的提升,图像识别技术近年来发展迅速,以卷积神经网络为基础的各类模型在图像识别任务中大放异彩。图像识别模型的建立依赖于大量的样本数据,将样本数据输入至模型中,利用梯度下降算法优化模型参数。后续用训练好的模型批量接收未经识别的图像,给出分类结果。将图像识别的前沿成果应用于接触网检测图像识别,条件已成熟。依托海量检测监测数据和大数据技术,组织历史典型病害样本,整理完善设备台账信息,建立具备原始样本数据分类、数据标注功能的图像库。利用图像样本库中的数据训练图像智能识别模型,可以用于识别2C、4C图像中设备是否存在缺陷及对应的缺陷类型。将增量学习与图像识别技术相融合,将源源不断产生的检测图像数据纳入样本库中,对模型持续进行更新迭代,提升模型识别的准确性,将逐步取代人工判别,提高劳动效率。图7.3、图7.4分别为2C、4C检测数据部分项点图像智能识别结果。

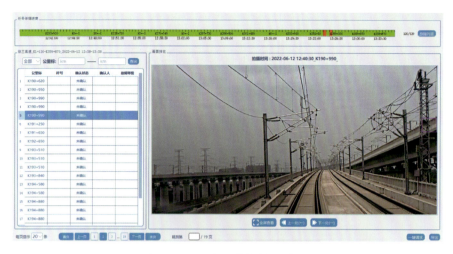

图 7.3　2C 视频图像智能识别结果

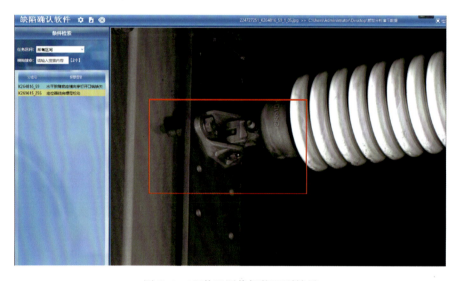

图 7.4　4C 装置图像智能识别结果

还可引入人工智能中的目标检测技术，应用于 2C 装置及 5C 装置检测数据。目标检测技术是基于目标几何和统计特征的图像分割，将目标的分割和识别合二为一。利用目标检测技术可实时识别 2C 检测视频中存在异物入侵、设备存在安全隐患的区段，替代人工回放视频的功能。将目标检测应用于 5C，可对受电弓滑板进行实时监测，发现问题后自动报警，消除行车安全隐患。

7.3　大数据平台及云计算应用

无论是设备状态变化识别还是图像智能识别，均需要依托海量数据及计算资源。大数据与云计算技术的发展，为检测监测数据挖掘拓展了边界。大数据与云计算在技术体系结构上，都以分布式存储和分布式计算为基础。对于海量数据的存储、管理、计算及分析均无法在单个计算机上实现,必须采用分布式架构。大数据的优势在于对海量数据进行分布式数据挖掘,但它必须依托云计算的分布式处理、分布式数据库和云存储、虚拟化技术。

各类检测监测数据在确保数据安全的前提下通过网络上传至大数据平台,2C、4C 装置产生的图像数据通过大数据平台的图像智能识别模型对上传图像数据进行识别,将识别结果下发至现场用户,指导现场用户进行养护维修,充分提升时效性;数值类数据可以通过部署于大数据平台的模型算法进行关键参数的变化识别及趋势分析,掌握设备质量状态发展规律,及时预测预警,优化维修时间节点,逐步实现预防性状态修。

科研机构采用信息抽取、知识融合、知识加工构建 6C 系统专业知识图谱,探索设备寿命、易发缺陷、问题成因与时间、位置、气候等多种因素之间的关联关系,利用脱敏数据及充足算力进行检测监测数据多维度的深度挖掘与研究,将成为进一步发挥数据价值,提升行业发展水平的重要手段。

参 考 文 献

[1] 于万聚. 高速电气化铁路接触网[M]. 成都:西南交通大学出版社,2003.
[2] 董昭德. 接触网[M]. 北京:中国铁道出版社,2010.
[3] 中国铁路总公司. 高速铁路接触网技术[M]. 北京:中国铁道出版社,2014.
[4] 吴积钦. 受电弓与接触网系统[M]. 成都:西南交通大学出版社,2010.
[5] 国家铁路局. 高速铁路设计规范:TB 10621[S]. 北京:中国铁道出版社,2014.
[6] 中国铁路总公司. 高速铁路接触网运行维修规则:TG/GD 124[S]. 北京:中国铁道出版社,2015.
[7] 中国铁路总公司. 普速铁路接触网运行维修规则:TG/GD 116[S]. 北京:中国铁道出版社,2017.
[8] 中国铁路总公司. 高速铁路接触网精测精修实施办法:TG/GD 203[S]. 北京:中国铁道出版社,2016.
[9] 中国国家铁路集团有限公司. 接触网动态检测评价方法:Q/CR 841[S]. 北京:中国铁道出版社有限公司,2021.
[10] 中国国家铁路集团有限公司. 接触网静态检测评价方法:Q/CR 842[S]. 北京:中国铁道出版社有限公司,2021.
[11] 刘再民. 电气化铁路接触网修程修制改革的思考与实践[J]. 中国铁路,2017(4):38-42.
[12] 刘再民. 高速铁路接触网维修规则框架与管理技术创新[J]. 中国铁路,2016(4):13-16.
[13] 刘再民. 高铁供电应用技术发展的几项重点及工程化路径[J]. 电气化铁道,2018,29(6).
[14] 张润宝,杨志鹏. 接触网运行状态检测监测系统研究与实践[J]. 中国铁路,2019(9):64-70.
[15] 张文轩,王婧,杨志鹏,等. 接触网质量评价方法与评价体系[J]. 中国铁路,2019(1):21-25.
[16] 王婧. 基于层次分析法的接触网区段质量评价影响因素权重确定研究[J]. 中国铁路,2019(4):60-64.